天下文化

BELIEVE IN READING

你不必走得快，但一定要走得遠

學校沒教、主管不講的職場眉角

丁菱娟——著

BWL 069

目錄

1 菜鳥起飛

2

老鳥高飛

自序

你要去的遠方可能充滿了挑戰和荊棘，無論如何，相信自己，相信學習，相信成長。不必走得快，但一定要走得遠。

世界變化太快，你還來不及消化新的科技，它就已經過時了，換來更炫的一套概念，就好像電影，你還來不及去觀賞就下片了。所以人們變得焦慮、沒耐性，只願意看短線，年輕人說：「別再跟我說天長地久，我只想立即擁有。」

快快快！凡事都要求快。吃飯要快、走路要快、工作要快、加薪升遷要快、成名也要快。等待和耐性不受歡迎了，因為大家都說時間是最寶貴的資產。人們不想浪費時間在過程上，只想一步到位。

很多人以為到三十歲還一事無成，這輩子就沒希望了。但事實上很多成功人士並非贏在起跑點，他們年輕時也曾迷失，或不被看好，甚至失敗多次才成功，十足大器晚成。許多人遲至四十多歲、五十歲後才嶄露頭角，他們十年磨一劍，只是在等待機會。

麥當勞創辦人雷・克洛克（Ray Kroc）五十三歲才創業，肯德基爺爺是六十五歲創業，漫威（Marvel）教父史丹・李（Stan Lee）四十多歲創立自己的漫畫世界，張忠謀五十六歲創立台積電，齊白石六十六歲才成為繪畫大師。這社會上有太多例子告訴我們，你不必走得快，但一定要走得遠。

當我們羨慕他人的光鮮亮麗時，別忘了檢視自己的目標。不要在過程中盯著別人，羨慕別人，你和別人的目標不同。別在意他人走多快，要在意自己可以走多遠。

我年輕時懵懵懂懂，別說不懂職場眉角，做事和做人也一竅不通。從最初的業務助理做起，自認盡心盡力，但六、七年後也沒升主管，每年薪水加個一、兩千元，有一年還只加了五百元，令我感到非常屈辱，還不如別加。那時三十歲了，眼看同事一個個升官，真覺得自己一事無成。

我鼓起勇氣問主管，只得到令我心寒的話：「你是女人，不要在職場爭了，將升遷的名額留給男人吧，他們要養家。」我在心冷之餘終於遞了辭呈。

現在回想起來，我得感謝這位主管，是他讓我做出改變。離開了心愛的公司，才知道原來自己已成長許多，別的公司竟然願意用兩倍薪水聘雇我。我終於在畢業七年半後，因為跳槽換公司當上主管。

我三十三歲創業，從一個人一張桌子開始接案，才知道前面十年上班族時期的蹲馬步對我多麼重要。除了行銷公關的專業，企業經營所需的會計、財務、人事、經營管理、員工教育訓練等流程，也都在我的腦袋瓜裡建構起來，先前工作所訓練出的十八般武藝在創業後完全爆發。

雖然我前面走得比別人慢，但終於漸漸找到人生的目標和方向。當聚焦全力以赴時，力量就變得非常強大。隨著公司成長，我自己的人生也產生蛻變。儘管每天忙得沒日沒夜，但我開始享受工作帶來的挑戰，喜歡有能力解決事情的自己，當時完全專注於公司的願景，人才也逐漸聚集。在我清楚目標全心全意前進時，其實不知不覺中已經走了很遠，公司竟成為科技公關業的龍頭。

創業八年後，我在長考之下，將公司併購給奧美集團，選擇在外商體制下繼續經營公司，人生邁入另一個成長階段，遇到很多業界的頂尖人物，與優秀人士一起論劍，是職涯中另一個高峰，越過了一山又一山，再成長了不少，視野前所未有的開闊。

一直到我職涯最高峰，卻感到無所突破時，又毅然決定在五十四歲離開職場，為自己辦了華麗轉身的個人告別演唱會，開展我想要實驗的第三人生冒險。因為我想嘗試未體驗過的事，看自己還能走多遠。

現在的我持續工作，但並非為了錢，而是為了意義，我不附屬於任何組織，只為自己工作，做我想做的、開心的事。我想幫助年輕人成長，於是寫作、演講、在大學教書、擔任創業家或二代學員的創業導師，與年輕人一起教學相長，是我認為既開心又有意義的事。

我的旅程還未結束，人還走在路上。我感覺自己走的距離超乎想像，人生下半場我想繼續工作、繼續學習、繼續成長，走得遠的人看到的風景比較多。我慶幸自己有能力選擇過想要的生活，持續完成夢想。

人都有當職場菜鳥時，唯有在那時努力學習，找到目標，才能在成為老鳥時展翅高飛。回想職場一路走來，工作有起有伏，有喜歡也有討厭的部分，有興奮也有無奈的時候。工作碰到瓶頸時，深深的無力感也會令我失去熱情，失去方向。但必須能改變心態，接受事實，重新調整方向，永不放棄對生命的信念，繼續往前走，才有機會到達遠方。

有時前面的摸索難免拖累了速度，不過一旦清楚目標，就心無旁騖的往前走吧！設定目標，聚焦，全力以赴，這幾個字都是到達遠方的關鍵詞。人生道路走得快慢，從來就不是問題，到達想去的地方才最重要。

你要去的遠方可能充滿了挑戰和荊棘，無論如何，相信自己，相信學習，相信成長。不必走得快，但一定要走得遠。

我要謝謝天下文化的郁慧主編，沒有她的堅持和督促，我無法如期完成本書。感謝祕書Fion，沒有她有條不紊梳理我的文章，我很難優雅交稿，身邊有好的工作夥伴是一件幸福的事！

本書獻給對遠方有夢想、對成長有期望的年輕人。

1

菜鳥起飛

科系不重要

世界變化太快，職業類別一再翻新，別管在學校裡學的是什麼，有興趣的領域就直接去接觸看看、做做看。
沒有行動永遠都是霧裡看花，看不清楚。

曾有學生問我：「念了那麼多年大學或研究所，如果工作和自己所學的科系無關，是不是太浪費了？」我想反問的是：「如果你念了某個科系，就因為怕浪費所學，而去從事不喜歡的職業，或放棄本來很想去的公司，只因為認為工作應該和念的科系相關，這就不叫浪費嗎？」

所以，當年輕人問我：「我念的不是行銷科系，可以進公關公司嗎？」或「我學的是理工，當業務會不會太浪費？」我的答案絕對是：「有何不可。」這意思就是無論現在的條件如何，就是要想辦法試一試，根本都還沒試，怎麼可以先自己嚇自己，提出這麼多「可是」，如果還沒嘗試就退縮，永遠無法證實自己的想法可不可行。可惜這年頭喜歡自己嚇自己的人還真多，我稱這是過度幻想恐懼症。

如果你很嚮往一個工作，不會因所學不同就輕言放棄，而是會想盡辦法靠近它、實現它。譬如你對行銷有興趣，但非相關科系畢業，你會去買行銷類書籍來閱讀進修，會去報名行銷課程，會去請教業界朋友，會上網蒐集嚮往公司的職缺、所需，然後自己平常就加強。你若真心嚮往，就會用盡各種辦法認識它、接近它，進而想辦法加入它，成為其中的一分子。如果你沒有任何行動，就表示並非真的想要。

曾經有位剛畢業的年輕人來應徵我公關公司的專案執行，他非本科，英文也不夠好，所以人事部門拒絕了。半年後，他第二次來應徵，告訴人事部門他這半年去上了行銷課，又苦讀了英文，希望有機會進入公司，如果沒有正職，他也願意做工讀生或約聘人員，因為他太想要這份工作了。後來人事部門和主管被他的真誠感動，給了他工讀機會，薪水不高，但他樂在其中、進步神速，比執行專案的正職人員表現得更好，三個月後就留任為正職員工。他用態度和精神克服了非本科的缺點，也不斷學習成長、尋求進步，這是我心中最值得培養的員工，肯努力、態度佳，專業能力不足根本不是問題，培養就好。

是否出身相關科系一點都不重要，你願不願意為它努力才重要。我五專念觀光科，大學念中文系，工作後才出國進修企管碩士，第一份工作是電腦公司業務助理，然後一步步發現自己、觀察職場，接近我嚮往的工作，最後更一腳踩進無關的傳播領域。

我的工作沒有一樣和所學相關，但絲毫不妨礙我在職場的表現。我大學畢業時，公關這行根本不曾進入我的腦袋瓜，因為完全沒概念。直到我進職場工作有機會接觸後，才產生興趣並自學，然後向主管自我推薦轉任公關企畫部門。我這一路走來，可說是做中學、學中做。

由於中文系的出路極窄，我很清楚不容易找到商業性工作，於是找工作時不設限工作領域，讓工作來找我，意思就是看看哪個應徵的工作先找上我，我就做做看，從工作中學習，這個想法和做法反而讓我撞上原先並不瞭解的公關業，意外替自己開啟一條康莊大道。

我曾讀過一段話：「學校教我們做人處世的道理、廣博的知識、良好的品德。但社會卻教我們忘記學校教的。」年輕時，我們的社會歷練像一張白紙，很多老師的教導多以理論為主，很少進入實際工作的應用面，學生聽到不算聽懂，只是一知半解。所以為什麼我們出社會後應該先忘掉在學校所學的，當自己是一張白紙在職場上盡力吸收，就是別讓自己被限制住了，大學念的理論等到社會上遇到問題時，可能會發現都不管用了。反而等到有一定的工作歷練後，學校所學才會慢慢回到腦海，與工作經驗互相驗證，甚至連結在一起，成為真正理論與實務相融合的學問。

在我當時的公關公司中，真正傳播系畢業的同事寥寥無幾，其他都來自各個不相關的科系，但一點都不影響他們的工作績效。現代的工作最需要創意、效率、應變能力和負責任的心態，這些都與畢業科系無關，而是與你的性格、態度和學習力有關。

我年輕時，暑假一定會去打工，做過許多有趣的工作，譬如賣唱片、當英文家教、配音人員、編劇、場記、到餐廳駐唱民歌，還到咖啡店、旅行社工作……每件事對我都充滿著驚喜。雖然這些工作與我念的科系並不相關，但都幫助我更加認識自己，讓我到了職場後不害怕，知道職場遊戲規則，瞭解人際關係、團隊合作，這些在學校都學不到。儘管那時我真的不知道未來會從事什麼行業，也不知道我的能力在哪裡，只是盡量去嘗試。因為好奇和行動，才讓我遇見從未想過的公關職位，直到現在，我都相信是自己勇於嘗試，才讓我變成今天的我。

有趣的是，以前覺得不相關的事物，現在卻像一根引線般，把過去與現在串聯在一起。大學中文系的訓練，埋下我對文字和寫作的興趣，而形形色色的打工經驗，幫我瞭解組織運作、適應社會需求。凡走過必留下痕跡，我相信曾經把握的任何機會及努力，都會在適當時刻回饋給你。

科系的選擇只是打開一扇窗，讓我們瞭解某個領域的概念知識，並探討自己的興趣，大學能讀自己喜歡又擅長的科系當然很好，若後來發現自己有其他好奇的領域，不妨找機會閱讀，接觸那門學科，或嘗試打工、接專案，靠近那樣工作。這社會上學非所用的人太多了，不勝枚舉。學非所用只是讓我們發現世上的職業和工作種類很多，非我們可以全然想像，也不是學校教育可以全部包辦。

世界變化太快，新的職業類別一再翻新，所以別管在學校裡學的是什麼，有興趣的領域就直接去接觸看看、做做看，沒有行動永遠都是霧裡看花，看不清楚。真正的人生挑戰是進入職場才開始，學非所用只不過是職場第一個驚喜發現而已。

社會歷練才是考驗的開始，勇敢踏出第一步，抓住每個來到面前的機會，盡情表現，人生的精采就在於「走過」，凡走過就增加一次經驗，為人生上色。

理想工作四要素

不要奢求錢多、事少、離家近的工作；就算有，也要拒絕，那是裹著糖衣的毒藥。

錢多、事少、離家近，聽起來好像是大家所嚮往的夢幻工作，但我覺得年輕就碰到這樣的工作才是災難。你的學習和成長保證會很緩慢，太舒服會沒有任何動機和壓力刺激你往前行，久了之後，就會像溫水煮熟的青蛙，或再也飛不高的斷翅小鳥。

對我而言，理想的工作有四個要素：

1 **有學習和成長的空間，會激發熱情。**工作上透過努力和學習而解決了客戶或組織的問題，是最有成就感的事。

2 **有點壓力，有點挑戰。**沒有挑戰的工作讓人昏昏欲睡，適當的挑戰最好是超出自己的能力一些些，有機會可以學習、可以犯錯、可以修正，也有機會可以成功，可以充分發揮能力，增加信心。

3 **可以打開視野。**我偏好有機會能出國洽公的工作，去接受國際化的洗禮，感受這世界的豐富，見識不同國家工作者的面貌。

4 **團隊作業。**我喜歡和一群人工作，培養默契，建立共識，然後一起打仗，我不喜歡單打獨鬥，是否辛苦不是我考量的重點。再累也沒關係，只要可以與不同背景的人一起開會、工作，會令我感到學習的快樂。

工作一段時間後，若能夠發揮所長，也激發出熱情，那麼就是在一個很棒的狀態。其實想想之前的創業歷程和在公關公司的工作，都算是符合我的理想。雖然創業期間沒有穩定的收入、漂亮的辦公室，但挑戰性極高，每天都在衝刺最大的可能性，把腎上腺素擠壓到最極致，將潛力完全發揮出來。那段時間大概是我成長最多、最快的時期。

公關顧問的工作也很符合我愛冒險又喜歡變化的個性，充滿挑戰、多變、彈性，沒有一定的解答，只有最適方案。在客戶的需求中，我要把許多不可能變可能，要動用策略、創意、執行力、團隊精神等能力。最後完成時，心中的滿足感自是不言而喻。

我必須承認，成長的過程很辛苦，但辛苦的代價就是讓我變得更專業，更能承擔責任。當有了這些能力，我很清楚根本不用擔心薪水多寡，因為這樣的人才在市場上有絕對的競爭力，最後工作的選擇權就會落在自己手上。

理想的工作激發我樂於學習的動能，點燃我的熱情，使我樂在其中，它可能會讓我廢寢忘食、忘記時間，讓我夙夜匪懈卻不以為苦，因為我在享受它。

如果你還年輕，不要奢求錢多、事少、離家近的工作，就算有，也要拒絕，那是裹著糖衣的毒藥。

興趣不等於熱情

一定要找到最有興趣、最擅長的事才能燃燒熱情，但完全沒有歷練的人，根本不瞭解真正的興趣是什麼。

Amy已經畢業七個月了還未找到工作，心裡愈來愈慌。一開始，她覺得好不容易畢業，應該好好休息，不必急著找工作，家境還可以，父母也沒催她，反而要她去國外找姊姊玩。Amy跑去國外玩了兩個月才回來，休息一個月才開始投履歷。

這幾個月也不是沒公司找她面試，但談了幾次，她都覺得這些公司太小沒名氣，很難燃起熱情，尤其有的又要求必要時得加班，她想想實在太辛苦，索性拒絕了。Amy心想一定會找到更好的工作，但偏又遲遲未接到心儀公司的面試通知，就這樣等啊等的過了大半年。眼看同學都在上班了，自己也開始著急起來，不知道是應該將就去她認為還可以的公司，還是要忠於自己的期待。

雖然，我經常鼓勵年輕人一定要找到最有興趣、最擅長的事才能燃燒熱情，但有時也不能被自己的「興趣」所騙。沒有歷練的人根本不瞭解真正的興趣是什麼，也容易把休閒和興趣搞混了。像是有人喜歡看電影，就覺得自己可以到電影公司工作；有人喜歡逛街購物，就覺得自己可以到精品公司當企畫。

但現實工作並非如此，每項職務背後都有嚴謹的專業和流程，並非浪漫的想像，當整天的工作都圍繞在繁瑣細節上，可能不是光有興趣就能支撐。尤其有些未知領域你從未接觸過，怎麼會知道有沒有興趣。所以我主張年輕人還未確認專長前，先多接觸，只要不是太討厭的工作，都可以先嘗試看看，從中去瞭解工作，再確認自己是否適合。

很多興趣是從經驗而來，接觸了、瞭解了，才激發出熱情。你與其想破頭等待有興趣的事找上門，不如先將遇到的每份工作做好，這過程能讓你清楚職務角色及工作內容，知道做哪些事時會甘之如飴、眼睛發亮，此後就會慢慢明白熱情所在。

像我走上公關這條路也是無心插柳，當初大學畢業後毫無專長，也只能從業務助理做起，我當然不會一開始就說自己對助理工作有興趣，想一輩子都當助理。但這是我進職場的敲門磚，沒有這份工作，我哪有機會接觸到企業的運作，知道原來有企畫部門和公關職務。我也是一步步去觀察、靠近，進而跨部門合作後，才慢慢瞭解他們到底在做什麼，接觸後才發現公關這麼多元、有趣又具挑戰性，非常適合我的個性，所以心嚮往之。此後，我就找機會轉調到內部廣告和公關企畫部門，沒想到我對公關職務非常投入，經常加班也不以為苦，才知道這是我的熱情所在。

當時公關還是很新鮮的玩意，在未碰到之前，從來沒進過我的腦海中，所以也不會是工作選項。但因緣際會下，讓我有機會接觸到，進而對它產生興趣，甚至燃起熱情投入，學中做、做中學，才變成我的專業。

所以像Amy連自己喜歡什麼工作都說不清楚的人，我勸她先做就對了，從可以找到的工作中摸索吧！唯有透過行動和做中學，我們才有可能在學習的過程中瞭解自己喜歡什麼、擅長什麼，和適合什麼。所以畢業後不要閒著，要快快投入任何提供你機會的工作，只要不討厭就做做看，將會在做的過程中慢慢找到答案。

極少人在學生時代就很清楚自己要什麼、未來要從事哪種工作，大多數人是在工作的歷程裡，才明白原來自己對這個有興趣、可以做得很好，很多興趣是遇到了才慢慢培養出來的。所以還是多做、多歷練才有可能找到最愛。這也是為什麼我經常鼓勵同學一定要在寒暑假去實習、打工，那是發現世界有多大，以及自己和這世界的距離有多遠的途徑。

很多人把休閒和興趣混為一談，休閒娛樂沒負擔，因為你是消費者，只要負責享受和開心就好。但是當這變成一份工作，你就成了服務者，是要負責讓別人享受和開心的。角色一旦調換，你還會喜歡嗎？要將你喜歡的休閒娛樂變成工作並無不可，但必須改變心態，而且願意將之變成一種專業，樂於服務別人、提供消費者需求、符合企業目標，那就成功了。

在職場中迷惘是必經的過程，但盡量縮短這個時間。在你還沒決定要投入哪個產業或職務前，任何遇到的工作，只要不是很討厭就別排斥，先做了再說。很少有人第一份工作就找到夢想中的職務，所以你要不就將興趣變成是有商業價值的工作，要不就從工作中去尋找及碰撞機會。

真遇上了最愛，你會知道的。

做對職涯起步五件事

對新人而言，最需要的就是機會；在專業還未建立前，機會來自於態度。

或許因為我離開職場了，當重新回憶職涯過程時，會有比較客觀和清晰的面貌。

我一直在想成功有沒有方程式，但基本上這是徒勞無功，就像有人說：「成功無法複製，但失敗可以避免。」我們再重新走一遍別人的成功之路，最後絕不會是相同結果，因為還有天時、地利、人和等因素無法控制。我常在想我做對了哪些事，可以讓自己走到今天令自己滿意的階段，我總結了一些觀點，或許對年輕人會有幫助。

- **態度**。新鮮人剛進職場還沒學到專業前，最好腰彎得低一點，無法證明自己的實力，就先拿出態度，勤快一點總沒錯。別人交付的任務，至少能快速完成，別拖拖拉拉。記得我第一份工作是業務助理，那時候別人會叫業務助理買便當，其他助理不願意，但我覺得舉手之勞就買了，後來有很多主管覺得我勤快，就把機會先給我。所以不要因為事小而不為，要從小細節中讓別人看見你的態度。
- **聚焦**。現代人的選擇、慾望、誘惑都太多，很多人遇到事情猶豫不決，所以東沾一點、西碰一下，一事無成，浪費了很多寶貴時間，關鍵原因就是沒有聚焦，這樣當然沒人知道你是誰。雖然我明白剛畢業頭幾年或許還在尋覓、摸索的階段，但我建議頻繁換工作或嘗試性的實驗不要超過三年，之後就要決定自己想聚焦在哪個工作，然後努力個三年看能不能累積出一點成績。
- **從資深前輩身上學習**。去尋找你欣賞及敬佩的資深前輩，偷偷從他們身上學習，這是最快速的方式。我年輕時就很愛觀察人，從很多非常厲害的主管身上學會各式職場溝通技巧，再找機會演練，便能快速吸收經驗，內化為自己的武器。

- **勇敢提問。**我認為年輕人最棒的權利就是能提問，把握剛成為新人、容易放下身段的時期，多向身邊同事請教自己不懂的問題，比自己亂槍打鳥去找答案要快多了。
- **和同事聚會。**在職場上，千萬不要當宅男、宅女，這當然並非是建議你做社交天王或女王，不過，適度和同事對話、建立私交，對你的人脈會有些幫助。職場上很多潛規則和訊息交流都在下班後的聚餐才開始，你可以討論事情，但要小心捲入八卦，避免對「個人」做評論。若不想花太多時間，那就無需每場聚會都到，三次去個一次即可，只要別斷了群組聯繫。

除了這五件事，還有花時間去進修充電也很重要，譬如念個EMBA也有助提升管理知識、開拓視野和拓展人脈。或是找自己有興趣的主題去研究進修，像攝影、音樂、烹飪等等，多培養興趣，會讓自己在工作上的感覺不一樣，讓自己在緊張的職場中，有紓壓的管道，對未來的退休生活也很有幫助。

以上幾件事讓我還是新人時，得到更多可以表現的機會。我想對新人而言，最需要的就是機會，在專業還未建立前，機會來自於態度。新人的態度勝過一切。

顏值管理五大祕訣

現在這時代，外在跟內在一樣重要，人是視覺動物，有時第一印象就決定了勝負。

曉鈴從小就對自己的矮胖身材很自卑，在職場上就很沒自信，常常小聲說話，不敢正面看人。她的穿著也依循學生時代的樣子，沒有太大改變，因為媽媽從小就告訴她「內在美比外在美重要」，她也十分認同，覺得打扮是浪費時間的事，加上她老覺得自己穿什麼都不好看，索性把時間放在充實自己上面，不再留心外表打扮。

但出社會後，她發現不管自己工作多賣力，好像都不太受到注意。另一個部門的 Angel 跟她同期進公司，身材嬌小也沒特別漂亮，但穿著打扮總搭配得宜，有自己的風格，淡淡底妝加上笑臉迎人，看起來很舒服。曉鈴雖和 Angel 年紀相仿，但她發現 Angel 機會比自己多很多，要是有新任務或出差受訓的機會都挑上 Angel，主管覺得帶 Angel 出門看起來比較稱頭。

曉鈴雖然很受傷，但也慢慢改變思維，想花點時間好好管理自己的外表，改變髮型、報名美妝課程來為自己加分。

的確，現代職場上顏值管理已經是一種趨勢，以前的職場觀念可能不好意思將外表當成競爭力的一環，就算知道，也只是一種潛規則，但現在年輕人已將顏值管理列為職場的必備要點。

美國有篇論文指出，經濟學家發現相貌好的人收入比沒吸引力的人高百分之十二至十四，此外，求職時也較容易被雇用。這並不令人意外，外表的確是吸引人注意的主要因素。雖然也有統計，相貌平平的人若在專業能力上有突出表現，也會在後來的競爭中，領先相貌好的人。但在同樣的起點上，相貌好的自然比平常人多取得一點機會。

無需抱怨這是個「以貌取人」的社會，倒是要轉念思考，若適度打扮能為自己增加良好形象，讓別人感到舒服，何樂而不為？現在的年輕人也已發現顏值管理可增加職場競爭力，幾乎每個人都知道要好好管理自己的外表，我認為是件好事。只是很多人以為那是俊男美女的專利，覺得自己先天上沒有良好外貌條件的人，往往會放棄打扮或自暴自棄，應該要矯正一下這種觀念。

所謂顏值管理無關美醜，而是整體服裝、儀容、外表讓人愉悅。若是沒有天生的美貌，至少要能打造令人接受、自己也快樂的狀態，千萬不要因為邋遢就放任自己不打理而被扣分！尤其是與人接觸的第一印象，適度打扮真的可以幫自己加分不少，在你還未開口前，別人就已給你打了分數。

於是，我開始觀察年輕上班族的打扮，發現幾個有缺點的類型：

1 **裝可愛。**已經是上班族卻以為自己還在校園，穿著非常小女孩、小男孩，例如短褲、短裙配球鞋，像曉鈴就屬於這類典型。

2 **太過隨興。**譬如牛仔褲、T恤或很運動風的服飾，讓人以為是要來參加運動會。

3 **太過性感。**譬如低胸高衩，讓開會的在座男士眼睛都不知道要看哪裡。

總之，上班族還是以端莊、專業為要，當然有些創意產業比較不要求服裝，但上述情形還是盡量避免為佳。其實上班族只要花點小巧思，就可以讓自己有個看來愉悅的外表，譬如簡單的淡妝或裸妝，幾套剪裁俐落的襯衫和長褲，這樣就可以襯托上班族的專業和氣質。尤其是年輕上班族，皮膚緊緻有神采就是最大優勢，只要適度裝扮一下就可以，也不要過度老氣。

有關外貌和衣著管理，這裡有幾點小祕訣給上班族參考。

● **女性**

1. 學習簡單的淡妝或裸妝，膚色亮白看起來更有精神。

2. 加上一點淡色唇膏，讓自己氣色更好。
3. 準備幾套剪裁俐落的襯衫和長褲，展現專業形象。
4. 找好的髮型設計師打理適合你臉型的髮型，這樣絕對會讓自己不一樣。
5. 搭配有質感的鞋子。
6. 別忘了微笑。

● **男性**

1. 髮型很重要，打理一個適合自己又不失朝氣的髮型。
2. 現在很多行業不用穿整套西裝和打領帶，但乾淨整潔的襯衫和適合身形的深色長褲是職場必備。
3. 鞋子也很重要，無論皮鞋或休閒鞋只要搭配得宜都是加分。但很多潮鞋或運動鞋只適合在週末穿。
4. 養成運動習慣，讓自己看起來陽光、充滿活力，會讓你在職場上加分。
5. 保持微笑，尤其是服務業，會增加你的親和力。

對於顏值管理，我同意「只有懶人，沒有醜人」；若無法天生麗質，至少讓自己乾淨整潔，充滿朝氣，富有精神。如果連你都不在意自己的外表，那如何要求別人注意到你？這年頭女人不必「為悅己者容」，但可以「為己悅而容」。打扮得體，對著鏡子連自己看了都歡喜。注重自身外貌不是為了討好別人，最重要的是使自己更自信、更愉悅，若喜愛鏡中的自己，那麼別人看了肯定也會如沐春風。

有好幾次，我都發現只要自己適度打理外表、穿對衣服，整個人顯得神清氣爽，旁人看我的眼神就充滿欣賞，我也相對愉悅起來，做什麼事情都順利，講話也特別有自信，原來適度打扮是會影響自己的心情和行為。

有一次我在演講時，有位年長男性聽眾說他有名年輕女下屬上班時總脂粉未施、穿著隨便，他覺得很不得體，無法給客戶專業形象，但性別隔閡讓他不知如何規勸。我想那位下屬的問題應該是整體形象令主管沮喪吧！我後來建議這位主管可以不要針對個人，但在組織裡對儀容服裝有適度規範要求是必要的，尤其是提供專業服務的行業。

以前，我有位男性主管就規範他的小組成員在見客戶時，必須穿西裝外套和高跟鞋，不准露出腳趾頭。這規定雖然嚴厲，但後來客戶對該小組的成員印象特別好，因為他們看起來很有精神和紀律，而且奇妙的是，該小組的績效和表現也是全公司最好的。一切都要歸因於穿著專業使他們覺得更有責任，得到客戶的讚賞又使他們更有自信，兩者形成了良性循環，使他們激勵自己表現更好。

除了外貌管理，儀態上的自信和端莊也很重要。儀態是人的身體語言，在你還未開口說話時，儀態已經告訴別人你的自信程度和專業水準。我十分建議年輕人要養成抬頭挺胸的習慣，我長大後才知道脊椎挺直有多重要，這會深深影響一個人的儀態。坐著和站著時，挺直脊椎會讓人覺得有朝氣、有活力。與人接觸時，眼光要直視，不要閃躲，握手要有力（不是用力），不要軟弱敷衍，才能給人自信專業的形象。總之，這些都是小細節，但經常被人忽略，以至於給人的第一印象就被扣了分數、栽了跟頭，十分可惜。

現在這時代，外在跟內在一樣重要，人是視覺動物，有時第一印象就決定了勝負。在乎外表不等於膚淺，只要別空有外表，內在乏善可陳就好。讓自己變成賞心悅目的風景，用點心管理顏值，注意儀態，將這些變成提升職場競爭力的重要武器。

問笨問題是年輕人的專利

會問問題表示會思考，有自己的觀點，不畏懼權威，有表達能力。從提問當中去學習、成長，如果問得得體更會令人刮目相看。

Tony每次開會總躲到後排，很怕被老闆點名或看到老闆眼神飄過來，有疑惑也不敢提問，生怕問題不夠水準，被大家笑。有一次他被點名，卻突然結巴，當時空氣都凝結了，害他覺得自己很蠢，那次以後，他就愈躲愈後面。久了之後，老闆似乎也將他當空氣，不再注意他。

在年輕人所需要具備的能力中，提問能力經常被忽略。其實這不僅是年輕人最基本的能力，也是最該把握展現自己的機會。主管通常也會從下屬的提問去觀察和互動，尤其是創意及溝通產業，他們覺得如果年輕人連提問的能力都沒有，就代表沒有好奇心，也欠缺獨立思考的能力。這種人難免會被貼上缺乏潛力的標籤，所以不要輕忽提問這件事。

西方教育非常鼓勵學生提問，即使學生問了笨問題，老師也不會生氣或嘲笑，反而會再啟發學生，直到問出正確問題。在職場上，要把握新鮮人的黃金期，這時候問笨問題比較會被包容，而且大部分資深的人都好為人師，年輕人可以把握這個機會，讓自己快速成長。

不要小看提問，會問問題表示你是好奇、有想法的年輕人，對事情充滿了熱情，想知道更多的為什麼。你會問問題表示會思考，有自己的觀點，不畏懼權威，有表達能力。從提問當中去學習、成長，如果問得得體更會令人刮目相看。

最好能得到職場資深前輩的指點，這往往是最務實、也最切中要害的，但很多人以為資深前輩都很忙、很有權威，以致退縮不敢開口，結果悶著頭做錯了，浪費許多時間。這實在是大大的誤解，因為資深人總說：「年輕人不問，我也不會主動教他們，誰知道他們不懂什麼。」其實只要問話有禮貌，資深前輩必然傾囊相授，如此不僅可以從他們身上快速挖寶，又可以拉近關係，很多職場的稜稜角角都必須要靠資深前輩提點，才能事半功倍。

我知道很多人不敢提問是因為不懂，生怕問了笨問題沒面子。但敢提問，就表示有點膽識，令人眼睛一亮，就算問錯了，因為資淺，大家也多半能包容。如果還是怕，這裡教大家一個提問技巧，就是自己先破哏說：「我是新人，可不可以問一個笨問題，請問剛說的OOP是什麼意思？」我相信有很多前輩會願意分享，尤其每個行業的術語超多，新進人員不見得都知道。

當然不是什麼問題都能問，譬如涉及隱私、宗教信仰、政治傾向等問題。在職場上有些地雷千萬別碰，譬如薪資問題，尤其不要打探別人的薪資。

提問時掌握幾個技巧，可以避免被視為挑釁和質疑。

1 **正面表述，減少負面提問。**「請問這個專案是否可以明天下班前完成？」而非「請問這個專案為什麼一定要今天完成？」

2 **盡量不牽涉個人，關注大方向問題。**「我可以知道公司加薪的規範和條件嗎？」而非「為什麼我過了試用期，還沒有加薪？」

3 **解釋原因。**若要問些敏感問題，可以先瞭解對方意願，並解釋原因。「我最近在做一個消費者訪談，是關於工作方面的，方便知道你的行業嗎？」而非直接問「請問你從事什麼行業？」

提問的禮儀也很重要，若在大庭廣眾的會議中，不要隨便打斷別人說話，若一定要問，也請先舉手，或等主持人邀請在場人提問時再說。問題最好和會議主題有關，不要隨意開玩笑，或提出風馬牛不相及的問題。

在我們顧問業中，懂得提問也是身為顧問的最佳武器。很多客戶的解決方案都是從我們提出的問題中發現的，其實客戶有時比我們更清楚自身內部的問題及面對的挑戰，只是一時看不清，一旦有人幫忙在旁邊抽絲剝繭，引導他思考、釐清，客戶就會慢慢看出自身的盲點。顧問只是從旁加以分析、歸納而已，其實很多答案都在客戶回答的話語中。所以好的顧問都知道提問技巧，讓客戶真正思考問題的重心，然後再整理客戶的思維，提出建言。

我們行銷顧問這一行在比稿或接到客戶的委任前，都要問對問題再行動，譬如問客戶：「做這個專案的目的為何？」「希望達成什麼效果？」「這麼多的目標中，你最看重哪一項？」「你想要的目標族群是？」一題一題抽絲剝繭的問，才能寫出更符合客戶需求的企畫案，提高勝算。所以專業的顧問都懂得問什麼、怎麼問、為什麼問。

懂得提問這個技巧，是成為專業職場工作者的第一項競爭力，不可等閒視之。

愈自律，愈自由

希望擁有工作自主權的人，唯一的方法就是自律。老闆不會常打擾自律的人。

小麗進公司不到半年便提出辭呈，在離職談話時，她很豪氣的說：「我不想被管。」她認為小主管也沒比她懂多少，成天管東管西，讓她像顆小螺絲釘一樣只能聽命行事，一點自主權都沒有，她要換一個自主性高的工作環境。

初入職場，什麼經驗都沒有或只有少許經驗的人，很難下正確判斷及做決策，能夠聽命行事，把事情做對、做好就不錯了，哪還有不被管的道理，更何況還需要與別人合作完成任務。在團隊裡，若沒人管、沒人督促、沒人下指令，如何能確保任務順利進行，只要是組織就要有管理制度，要受到監督，縱使是CEO，也是要被董事會管，而且也要提出績效。

當然沒有人喜歡被管，我們從小就急著掙脫父母的規範、師長的統轄，到了職場又想擺脫主管的指揮，希望一切由自己作主。我們當然希望工作最好就是能自主管理，也就是只要給我目標，交出結果即可，我用我的方式做事，中間不要干涉我如何做。在組織裡不是沒有這樣的狀況，但這大部分是資深人員用自律和績效去換來的，你愈厲害，愈自律，愈能完成目標，就愈自由，這一切可不是資淺員工能輕易達成的。

你可能會說那麼成為獨立工作者或成立個人工作室就自由了，再也不用去順從一堆規定和繁瑣制度，可是當沒人管你時，你就成了自我管理的底線，若沒有自律，那也沒自由可言，客戶會離開你、夥伴會放棄你，因為你管不了自己。

我也曾經有不想被管的念頭而去創業，但後來發現創業其實是自我鞭策的過程，自律者才有成功機會，客戶要求和員工期待變成無形的壓力，你得對他們負責任，你得引領方向，以身作則，否則達不到目標。原來看似無人管你，其實是自己要自主管理。

所以，希望擁有工作自主權的人，唯一的方法就是自律，讓人放心，這樣主管就管不著了，因為該做的你都做到了，甚至比主管想像的更好，那他們為什麼要管你？何況大部分的主管都很忙，你若不出事，他們也懶得管。

主管的時間多花在異常管理，你若一切符合計畫在常軌上行走，主管自然就不費心了，他們的時間要忙著管理達不到目標和令人擔心的下屬。想要自由的唯一解藥，就是把自己管好，讓別人沒有藉口來管你。

訓練自律可能需要先學好時間管理，首先要練習規劃時間，並養成準時的習慣，現在手機裡的日曆功能有很多會議排程，我都是運用這個工具來做時間管理。真的很忙時，甚至還得每半個小時排一個時程，重要日子或約會必須先預訂下來，然後開始思考要如何進行，譬如多久前要先安排、訂什麼場地、如何進行等等。手機裡也有備忘錄或筆記之類的工具能好好運用，照你規劃的時間表作息一段時間，習慣後做事就會愈來愈有規律，甚至變得無法習慣沒有規劃的日子。

還有一個自律的重點，就是要說到做到。可以不輕易答應，但是一旦答應，就一定要說到做到。自律的人通常會信守承諾，自我要求高，而且對自己訂的目標也會盡力達成，否則連自己都無法原諒自己。

我認識一位公司高階主管為了擁有健康身體和維持良好活力，每天上班前都要跑步四十分鐘，數年如一日，除了生病之外，無論颳風下雨，絕不讓自己有藉口喊停，這種毅力真是讓我佩服，難怪他年過六十仍精神奕奕，擁有不輸年輕人的體魄，工作效率高，工作生活也平衡。

另一位高階主管則答應太太，除了出差，每天早上上班前一定陪家人吃早飯、開車送小孩上學，直到小孩上大學住校才停止。這種高度自律、有毅力的主管，難怪工作表現始終受國外高層器重，委以重任。

在過去幾十年的職涯中，我在跨國集團的訓練下，已經很清楚外商的管理法則，我發現只要達到設定的目標，便能獲得最大的管理自由。譬如每年的財務數字至少要達標，預算做得精準，客戶關係維繫好，人才的聘雇和培養計畫持續進行，老闆就沒什麼機會管你，這時候你便擁有人事權和話語權。

我還有一位朋友在大陸工作，表現非常優異，屢獲升遷，但由於家在上海，工作地點在北京，時常得長途往返奔波，想要辭職換工作，老闆因為惜才挽留，他跟老闆談條件，如果能讓他在上海工作就不辭職，結果老闆竟因人設事，為他在上海再開一家分公司由他負責，並兼任北京公司業務，上班時間由他自訂，因為老闆清楚他自律的個性，不論用什麼工作方式，都可以達成業績目標。這就是我說的，當你強大又自律，當然可以得到最大的自由和資源。

老闆不會常打擾自律的人，老闆會找你，反而是來表揚你或商量事情。職場的生存法則就是瞭解企業組織的遊戲規則，在這規則底下盡力達到組織目標，我們就可以獲得想要的資源和自主性。

每個人都想要自由，不想被管，但自由和自主權的前提，就是要讓長官覺得「你做事，我放心」。當我們能自我負責，完成組織目標，就能掌握工作的自主權和選擇權。

在職場上，能力不夠的人會被列為管理對象，自由是要用自律換來的。至於整天抱怨卻又不把事情做好的人，原本就該被管。

要自由，請用自律去換。

先做討厭的事才自由

愈想獲得自由和快樂，就得先去面對該處理的難題，接下來就能做自己喜歡的事了。討厭的事偏偏都是非做不可，喜歡的事卻反而可做可不做。

有些人因誘惑而分心，拖延了原先的預定計畫，他們不諱言應該是自己不專心，事情做到一半，思緒常常飄走，又去做別的事，希望我能提供關於時間管理的建議。

這其實是許多人的通病，我們往往會選擇去做喜歡的事，然後拖延討厭的事。但喜歡的事不見得是重要的，而討厭的事也未必無關緊要。

譬如喜歡打電玩，就由著自己毫無節制的打，不管還有多少要緊事該做，也不管玩到多晚影響睡眠。討厭做家事就任由家裡凌亂，東西愈堆愈多，髒衣服堆積如山，毫無生活品質可言。明明知道熬夜打電玩對身體不好，知道不做家事，居家環境會愈來愈差，但就是無法控制自己。

通常討厭的事偏偏都是非做不可，喜歡的事卻反而可做可不做。但我們卻把有限的時間拿去做喜歡卻不重要的事，造成該做的事遲遲沒動靜，期限到了再來懊惱不已，也讓別人覺得你不可靠、不負責任。所以洞察自己的弱點，進而管理事情的優先順序，便成了我們該學習的課題。

有人喜歡電玩，就表示那件事對他們有吸引力，只是放任自己，不加以克制的話，就變成沉迷。依照人性，我們不可能拒絕誘惑，就算可以也只是表面，內心還是會累積渴望，所以不是去拒絕或壓抑誘惑，而是要引導到另一個方向。引導的思考要類似這樣：「要玩可以，但至少等重要事情辦完才行。」

在職場上，我們一定會先做簡單、容易上手的事，拖延傷腦筋、複雜的事。譬如行政事務上，我們通常一上班打開電腦例行性的看郵件，刷手機留言，回一些簡單信件，一不留神幾個鐘頭就過了，但這些事情緩一點再做其實無傷大雅，卻花了最多時間。而討厭的事情有時卻很重要且有時效性，譬如應該打一通電話去向某位嚴厲的客戶道歉、要準備下週得在長官面前上臺報告的簡報，但我們總是逃避，心想等雜事做完再說，卻拖到下班還是沒做。

為什麼會這樣？明明打一通電話可能只要花五分鐘，簡報也是早晚一定要面對的，卻遲遲不做。主要原因是簡單的事通常較輕鬆、沒壓力，不太需要思考，容易駕輕就熟。相對的，討厭的事總是較困難、較複雜，而且較傷腦筋，所以心理上會有一種逃避的傾向。結果發現討厭的事不會隨著時間拖延就消失，反而如影隨形，變成逃不掉、壓迫著我們的巨石。

我有個經驗，在工作上的待辦事項中總是有討厭的事，但每次總是挑簡單的或沒壓力的先做了，討厭的還是擺在那不想動，結果它又變成隔天的待辦事項。雖然一再逃避，但它就像夢魘一樣揮之不去，期限到了還是逃不掉，想當然結果更慘。

所以後來我就轉念，改變心態，為了讓自己可以開心去做喜歡的事，便索性反其道而行，先專注把討厭的事處理完，就可以毫無壓力去做喜歡的事。沒想到這麼一轉換後，工作就愈來愈有效率，而且愈來愈快樂了。尤其討厭的事做完後，真有一種說不出的快感，感覺自己有解決事情的能力，信心又增加了，討厭的事好像變得沒那麼討厭。

成長就是去做自己沒做過的事，一開始絕對會有壓力，等經歷幾次後，發現其實沒那麼難，就願意面對了，而且自己也有能力處理了，原本難的事情也變簡單。

還有一種循序漸進的辦法，就是「延遲享樂」。譬如原本想先做完功課，再去玩電動，可是卻無法克制一打開電腦就直接去玩電玩的欲望，那麼先跟自己玩一個心理遊戲，先做一件該做的事來交換。譬如念完功課的一個章節，才獎勵自己玩一場電玩。把時間做一點切割，將誘惑當作禮物，這樣就有趣多了，這樣時間管理可以有優先順序，也有獎勵品，動力就會比較強。

我也曾做過這樣的練習。我有一度追劇追得日夜顛倒，於是就規定自己得做完一件家事才能去追兩集，所謂家事包括洗碗、洗衣服、打掃整個房間、換床單等等。這樣每次追劇時的快樂更是加倍。

延遲享樂或許是一種方式，設計一種遊戲讓自己願意去做該做的事來交換想做的事，可以讓自己不那麼憎惡該做的事。當知道做完討厭的事便能去做喜歡的事時，討厭的事就不再那麼痛苦，因為那變成遊戲的過程，像是在玩遊戲中，你必須先過關斬將，才能得到果實一樣，就會有動力。用這種方式或許可以讓我們不再延遲，不會抗拒去做該做的事，習慣之後，就會變成負責任的人。

於是，我歸納出一個心得，要能暢快的做自己喜歡的事，就得先處理完手上的難題，接下來就能做自己喜歡的事了。

不要瞎忙

這年頭已經沒有所謂的「沒有功勞也有苦勞」的思維，更何況，把事情做好只是對得起這份薪水的基本要求。

Jonny 每天都加班到晚上十點才回家，累得半死，但卻一點成就感都沒有，今天經理又把他花四小時寫的一篇新聞稿改得面目全非，斥責他完全沒抓到重點，還質問為什麼不事先問清楚再寫，Jonny 來回改了兩次還是被退回，申請的款項也因填寫錯誤沒通過，總之他今天白忙了，明天又得重新來過。Jonny 剛入行三個月，一切都沒經驗，挫折感很大。

你現在知道為什麼在顧問產業裡，資深又有產值的人這麼重要嗎？不僅是因為他們有經驗，還有工作效率。他們忙，很忙，但都忙在刀口上，知道在事情的關鍵點上做什麼事、說什麼話、打通什麼關節，就能順利解決，所以產值很高，同樣工作八小時，他們完成的績效可能新進員工一星期都做不出來。

相反的，我看到有些人整日忙進忙出還常加班，但沒看到專案有什麼進展，還經常出差錯，忙了半天往往徒勞無功。譬如方向想錯，寫的企畫案不是客戶想要的，所以就算每天加班到很晚也是白費，還得資深同事幫忙完成。同樣的事要教過好多次、犯過好多錯才勉強學會，以上都是我在公關公司時，常看到年輕人容易犯的錯。

這種人真讓人氣餒，怎麼都教不會，忙了半天都白費，成效打折扣，效率又不高。在這個時間就是金錢的行業裡，不僅浪費了自己的時間，拖累團隊的整體表現。

在商業世界裡，尤其是傳播產業，我們的訓練都是在學習化繁為簡，因為事情太多，時間太少，所以要有優先順序，用最有效率的方式工作，要學習在海量資料中，找出最重要的主軸和議題，在客戶的話語中，找出最該關注的重點。

我一直以為在職場上，大家都是抱持這樣的工作態度，直到發現組織內還是有人喜歡把簡單的事複雜化，令我十分不解，於是我開始想，為什麼這群人會如此做事，這樣到底有什麼好處呢？

後來，我發現這群人若非抓不到重點，就是裝忙混時間，不僅別人一時無法發覺，還能表現自己能力強，正在處理一件複雜的事情，凸顯存在的價值。組織有這種人肯定會拖累團隊進度。

遇到這樣的同事，別人可能都看不太出來，不知道他在忙什麼，但主管應該明察秋毫。倘若發現他同樣事情來來回回重複好幾次還在原地打轉，非但看不到工作績效，還拖累團隊進度，本人卻忙得好像很辛苦，且時常都要加班，這時千萬別表示同情，反而要好好與他面談，看問題出在哪裡，請他限期改進。

現在的環境挑戰愈來愈大，壓力也愈來愈大，凡事要看產出，不應把自己變成像原地打轉的陀螺。這年頭已經沒有所謂的「沒有功勞也有苦勞」的思維，更何況把事情做好只是對得起這份薪水的基本要求，要讓自己有價值，其實必須做超出你職務內容規定的範圍。

倘若是客戶抓不到重點，那就累壞了服務端的窗口。有時客戶沒有真正想法，卻要廠商先寫企畫案來看看，提交後來來回回改個十幾遍也沒定案，問他到底要什麼也說不清楚，這種不知道自己要什麼的客戶，確實也會浪費服務人員的時間，碰到這樣的客戶，你必須有能力引導他一個方向，並請他做出決定，否則就會被拖得團團轉。

倘若你發現自己每天忙得要死卻沒有產值，這時可能要好好檢視到底出了什麼問題，是不知道方向？還是沒有方法？把問題找出來跟主管討論，或改變自己的工作模式，訓練自己成為注重效率的工作者。

忙，絕對不能拿來衡量對組織的貢獻，績效最終還是得看產出。可以忙，但請不要瞎忙。

帶一個觀點進會議室

千萬別在該發言時沉默以對。在客戶需要我們時給與觀點和想法，客戶會記得我們曾經與他們並肩努力。

Eddie沮喪的呆坐在位置上，原來剛到客戶那開會又被打槍了，客戶跟總監抱怨說Eddie只會跟著做交代的事，要他給一些建議都說沒意見，客戶質疑他的價值到底在哪？Eddie很難過的說他不敢在客戶面前發言，客戶都比他資深，自己很怕講錯話。

很多年輕人非常怕客戶，尤其是經驗和能力都比自己強的大客戶。一位前同事回憶起年輕時第一次跟總監去拜訪大客戶，那時他對於可能會與資深客戶窗口對話非常緊張，問我該如何取得客戶的信任。我說：「帶一個觀點去。」他說這個提醒讓他印象深刻，並影響了往後的學習，之後要參加重要會議時，都會先準備一個觀點，不但能展現專業，而且更容易被看見。

在職場上，我們經常得與資深客戶一起開會，通常年輕同事進會議室前非常戒慎恐懼，不知道如何與社會歷練比我們多的前輩對話，更別談提出建言了。他們說客戶像一座高山，只能仰望不可挑戰，年輕同事的壓力可想而知。

當然，論產業知識及專業，我們絕對遠不及客戶，這方面我們也不用凌駕客戶，但對於品牌或傳播觀點，還有外界媒體及消費者對他們的評價，客戶需要客觀第三者提供忠實建言，這就是身為行銷顧問的職責，而我們就是要扮演好這個角色。所以每次開會前，針對主題先準備一個觀點就有價值了，當然這個觀點要講得清楚有邏輯。

年輕時，我也遇過心虛的場景，開會時總是坐立難安，唯恐被客戶問到無法回答的問題。後來我發現客戶不會在他們的產業或技術問題上為難我們，反而希望我們在擅長的傳播專業上提出看法，以彌補他們的不足，或提醒他們看不到的地方。

提出觀點的技巧就是一個主張，加上三個支持點。觀點沒有對錯，只要有邏輯和說服力，就說得通。這個主張可以從任何角度來看，譬如你想說服客戶採用多品牌策略，這是一個觀點也是主張，那麼你就找三個支持點來說服客戶買單。譬如，一、多品牌可以延伸並利用原品牌的效益；二、多品牌可以區隔不同的族群，老少通吃；三、多品牌可以節省內部經營成本。

觀點有很多角度，可以包山包海，但我們不可能萬事通曉，所以不懂的就別信口雌黃，妄加判斷。有時客戶在經營上遇到困境，希望我給建議，有時是公司內部問題，我不見得都有答案，但我會說：「或許我無法回答你經營上的難題，但能從傳播和溝通的角度，給你的品牌一些建議。」盡量將觀點放在你的專業上會較客觀，也較專業。

漸漸的，我每次在開會前就先練習思考，客戶在傳播或媒體溝通上碰到什麼困境？我站在他們的立場會如何解決？針對這個問題，著手準備一個觀點帶入會議室，有事先準備，就容易引起熱烈討論和反饋。

術業有專攻，我們不需要全方位的知識，客戶需要的是我們的專業，是告訴客戶他們不知道的事，給與不同角度的建議，讓客戶能用全方位角度思考，做出正確判斷。所以，我們無須害怕自己所不足的，反而應專注在我們所知道、擅長的，教育客戶，給他們新觀點。

縱使你是沒有社會歷練的年輕人，在會議上，你也可以用新世代年輕人的角度來提供看法。德高望重的決策者更想知道現在的年輕人在意什麼，年輕人的消費行為正是很多客戶和公司內部主管想積極洞察的方向。不只面對客戶端，在公司內部開會時，也要針對開會主題準備一個觀點，這樣主管和同事才會對你刮目相看，縱使你的意見沒被採用，也會對你印象深刻。而且在內部練習後，你就會比較有膽量在客戶面前發言。

別小看自己。產業知識不足，客戶會教導我們，只要我們提出的觀點對他們有價值，客戶就會重視我們。千萬別在該發言時沉默以對，在客戶需要我們時給與觀點和想法，縱使客戶沒有採納，但會尊重我們，也會記得我們曾與他們並肩努力。

已讀不回是職場大忌

回應是一種人際溝通必備的能力，懂得回應是負責任的表現。

「responsibility」（責任）這個英文單字很有哲理，是由「response」（回應力）和「ability」（能力）兩個字根加在一起，在西方人眼中，責任就等於是「回應的能力」。所以你有沒有給人有責任的感覺，就取決於你有沒有回應的能力，以及如何回應。

在職場上，回應的能力十分重要。你會發現，無論喜不喜歡，回應就是一種人際溝通必備的能力，懂得回應，別人就覺得你至少是負責任的，不回應或回應不當，別人就會覺得你不在乎或失職，所以這是別人檢視你是否負責任的標準之一。

譬如說，工作上一般跨國的電子郵件，大都應該在二十四小時內回應，倘若是緊急的訊息，更是看到就要立即回應。有時候，問題無法及時找到解答，就算簡短答覆「noted」（知道了）、「received」（收到），至少也表示你知道這件事了。絕對不能因為暫時沒有答案，就完全不回應，否則對方可能狐疑你到底收到沒。答應別人的事，就得盡量做到，做不到也要盡快回報對方，讓對方有時間可以因應。

如果是邀請，那麼請注明希望對方在什麼時候回覆，如果最後期限前一、兩天仍未收到回覆，可以再去信提醒一次。如果是急事，也要請對方在什麼時間前回覆，不要寫ASAP（盡快），以免大家認知不同，誤了大事。

通訊軟體上的回應端看每個人的習慣，有人習慣馬上回，有人習慣有答案才回，有人當作是通知單，看過就好也沒想回。若是生活上的群組，你不回可能只是個人行為，但若是工作上，可就不能這麼隨性，站在發訊者的立場，總是希望對方能有反應，無法馬上回答的，也可以簡單寫下「收到」或「再想想」以消弭發訊者的疑慮。如果是朋友間的訊息可能還好，但如果發訊者是你的上司或客戶，沒有即時回應，恐怕也會在能力評估上被扣分。

在商業上，不回應或已讀不回是不專業的行為之一。根據調查，客戶會炒代理商魷魚的前幾大原因之一，竟然是「經常找不到人」，可見找不到人這件事會讓客戶抓狂。所以，下回看到工作上的訊息，不論是來自同事或老闆或客戶，再怎麼不情願，別裝作沒看到，試著做一個專業而負責任的人。

通常，公事都是以電子郵件溝通為主，尤其是正式的文件或商業溝通，若有需要，再輔以 LINE 等通訊軟體再次提醒或追蹤。尤其若與對方第一次溝通，最好還是用電子郵件比較正式和尊重。對於溝通已久又很熟識的客戶，就可以詢問是否可以加 LINE 傳遞訊息，比較即時方便。

職場上該加主管為 Facebook 或 LINE 好友嗎？我認為 LINE 等通訊軟體有需要加，Facebook 不一定。現在社交媒體已是商業溝通的工具之一，很多公事，尤其非正式的溝通，也會用通訊軟體完成，可以將它列為另一種簡易和非正式的電子郵件。

至於主管若是在下班後或假日交代任務怎麼辦，其實不用未審先判，覺得主管一定是不體恤下屬，那可能只是他的習慣，想到什麼事就先提醒或記錄下來。所以你必須瞭解主管的風格，並判斷是不是緊急事件，若是就盡快與主管聯繫、立即處理；若非緊急，你可以告知「收到，正在家庭聚會，週一會處理」，讓主管知道你不方便。有些主管習慣想到什麼就寄什麼，其實他只是怕自己忘了，也沒特別期待你馬上回覆。

因此可以觀察主管的作風，也可以事先跟主管溝通好，有關下班時間回 LINE 的共識，表示若緊急請主管明示，會盡量配合；若非緊急，會在上班時間處理，因為你希望能保留工作和生活的平衡，讓自己更有能量，在上班時能有更好表現。通常明理的主管會自我克制並理解。

至於 Facebook 該不該加主管為好友，這是個人自由，因為 Facebook 比較屬於個人領域，每個人都有權利邀請你的朋友，也有權利不加。我想若是主管要求而你沒加的話，可以適度說明 Facebook 的隱私性，不會觸及公事請主管放心，主管也應知趣而退。

只要立場堅定，語氣和緩，我想主管不會強求。

如果加主管為通訊軟體的好友，就要知道如何回應，通常在朋友圈中回應多的人，人際關係上也較積極主動，如果你既被動又不善於回應，其實也是有方法，或許像我某位朋友一開始就說：「別加我到群組，有事再通知我就好。」或像另一位朋友說：「可以加我在群組，但我不會時時看訊息，所以不會即時回，請大家多包涵。」事先說明立場，也是一種表態，要不然現在通訊軟體的群組這麼多，大多數時候的聊天細節都無關緊要，還真無法一一回應。總之，讓對方知道你的回應模式，就能減少摩擦。

現代人談戀愛也多用通訊軟體溝通，戀人間常因對方已讀不回而抓狂，甚至產生不信任而分手，所以回應的即時性代表情感的熱度和彼此在乎的程度，這也難怪熱戀中的男女這麼關心對方回應的時間與積極度了。

但這同時也提醒我們的自我管理，要小心別被他人的「已讀不回」綁架，要訓練自己別對這種狀況太焦慮或失望；真的很在意的話，就打個電話確認清楚，否則將自己的快樂寄託在別人的回不回應，人際關係也會變得很緊張，苦了自己也累了別人。

先「完成自己」再「做自己」

做自己是有條件的。若人生歷練不夠，或尚未完成任何夢想或目標，就別想任性做自己。

每個人都想做自己，但做自己真的是「只要我喜歡，有什麼不可以」嗎？

很多人都誤解了「做自己」的意義，以為就是不管他人感受，不理他人評論，只要自己想做什麼就做什麼。但若人生歷練不夠，或尚未完成任何夢想或目標，就想任性做自己，別人只會覺得你隨性妄為。所以，做自己還是有條件的，當你完成了自己，是個咖之後，別人才會尊重你那個「自己」。所以先「完成自己」再「做自己」！

在做自己前，先問自己，我完成過什麼想做的事嗎？我曾達成一個夢想嗎？我努力付出過嗎？我成就過什麼事呢？如果你答不出來，建議先別急著做自己，因為說不出自己是誰、做過什麼，那就代表根本還不瞭解自己，又要如何做自己？所以要能真正做自己，還是得要有一點本事。

曾經有位業界朋友跟我提及，有一名員工上班時穿著隨便，到客戶公司開會前也不準備任何資料，主管告誡他，希望他多注意外表形象，這名員工回答：「我以前就這樣，現在也是這樣，很難改，況且這是個創意的行業，當然要穿得很有創意。」他還宣稱應變能力比準備一堆資料來得重要，反過來還嗆了主管，讓主管很傻眼，這種人就是還沒本事就端架子。

很多人都說做人好辛苦，滿足別人的期待好辛苦，所以還不如做自己好了。其實這有時候可能只是自己無法面對挑戰的藉口，或不想讓別人管，只想做喜歡的事。說這句話時，可能只是想逃避眼前的壓力，所以自己要懂得分辨。

真正做自己的人知道自己要什麼，執著於心中的願景，朝著設定的目標前進，成為內心一直想要的自己。這樣的人知道自己在做什麼，並專注在目標上，不達目標絕不罷休。這種人堅定而有力量，成功機率較高。

不懂得「做自己」真正含義的人，反而會誤用了「做自己」的真諦。任意妄為，只要自己高興，不在意旁人看法，這並非做自己，而是在為自己樹立敵人。

完成自己的人，自然在其職務上和團體裡會取得發言權，也會得到他人的尊重，這時候，他的「自己」凸顯出來時，就不會顯得太突兀，反而讓人覺得有道理。

最明顯的例子就是歌手周杰倫。他若在還未成名時想做自己，那麼可能資源匱乏、困難重重，也沒人會在意，但當他完成一首首膾炙人口的歌曲，成為知名創作歌手後，因為專業能力得到認可，大家也較能接受他很個人化的創作及表演。

人最終還是要做回自己，請好好思考你到底想做什麼樣的自己，要透過什麼樣的努力才有能力當自己。別忘了，做自己也是要有能力支持的。

反骨別傷了自己

有些事不是人定就能勝天，不是理直就要氣壯，不是得理就該不饒人，不是你心中的正義才叫正義。

叛逆、反骨似乎是年輕人的特色，多數長輩也都持包容態度，誰沒年輕過。但不要為了和別人不一樣就反骨，習慣反骨後，比較容易變得憤世嫉俗，看什麼事都不順眼，甚至容易不經思考就將情緒表露無遺，傷了別人，也傷了自己。

反骨的人可能看老一代的做法就覺得八股，想推翻，以自己心中的正義為正義，跟你不同意見就是不公不義，殊不知你眼中的「不公不義」，只是自己無法包容他人的觀點而已。

我反省自己年輕時，父母的話當耳邊風，天天往外跑，想著自己未來一定可以與眾不同，看到自認為不舒服的事就唱反調，那時好像全世界都欠我。長大後，才知道那時的自己叛逆性格強，只從一個角度看事情，有失公允。所謂的不公不義只是自己心中的自以為是，不是普世價值，現在想來，當時的自己真是涉世未深，眼光不夠寬廣。

那時的我說好聽是有個性，但事實卻是固執、行事缺乏彈性，讓人覺得很難搞，平白斷送許多機會，卻還洋洋得意、自以為是。隨著年紀增長，現在我比較外圓內方，心裡雖有所堅持，但不會用傷人或無禮的方式去表達。我多麼希望自己年輕時就具有現在的成熟和智慧，不要那麼無知。當時要是多一點圓融該有多好。我現在明白很多事情並不是非黑即白，並不是愛恨就得分明，灰色地帶的確存在，而且有其存在的必要。

回想年輕時因緣際會參加了金韻獎民歌比賽，唱片公司希望跟我和同學一起簽約。

但由於當時念的女校校風保守，我們生怕簽了約會遭校方處罰，還在猶豫之際，唱片公司的人就不耐煩的說：「還考慮什麼，多少人排隊想簽約啊！」這句話在當時聽來刺耳，趾高氣揚的我哪吞得下這句話，我和同學就是要跟別人不一樣，於是大聲的嗆回去：「別人想簽就去簽別人吧，我們不簽。」唱片公司的人看我這種難搞小孩根本就是欠修理，我就這樣跟唱片公司結下了梁子，從此老死不相往來。唱片公司當然就把我們晾在一邊，我們則損失了上臺及宣傳的機會，他們可簽約的人的確很多，不缺我們這種還沒出道講話就這麼衝的冒失鬼。

我不知當時在火大什麼，可能是缺乏自信，才會別人說一點點不順耳的話，就覺得像根刺般的不能接受，事後又驕傲的自我安慰唱片界黑暗、不專業，不值得投入。現在回想起來，其實錯失了當年民歌群起蜂擁的年代，錯過參與的大好機會。我不是後悔沒成為歌手，而是遺憾錯失了與當年很多優秀民歌手一起上臺走過那個經典的「過程」。

我這樣的憤世嫉俗不只一次，年輕時暑期打工，有一年考上中影的電影配音員，第一回領班來預約時程，但我卻因為貪玩而拒絕（真的一點敬業精神都沒有），領班生氣了，他同樣說：「你這年輕人真不知好歹，給你機會還拿喬，再不聽話以後就不找你了。」我那牛脾氣又來了，馬上回嗆：「不找就不找，有什麼了不起。」講完雖然很爽，但機會也沒了，枉費我花了三個月過關斬將，才從三千人中被錄取，卻因為要個性讓難得的機會飛了。

我回憶年輕時的自己，個性如此尖銳、沒忍受力、容易被激怒，以致白白喪失很多精采的機會。工作多年後，付出了不少代價，才慢慢磨掉個性的稜角，變得成熟。因此，我現在看到很多年輕人說話又直又快，舉起自以為是的正義大旗振振有詞時，都會想起年輕時的我。真希望你們也能早一點瞭解，不是大膽說不，或疾言反對就是勇敢。年紀漸長後，我慢慢明白，也逐漸了然於心，有些事不是人定就能勝天，不是理直就要氣壯，不是得理就該不饒人，不是你心中的正義才叫正義。

亞馬遜網路書店創辦人暨執行長傑夫．貝佐斯（Jeff Bezos）曾在自傳裡寫了一個故事，他有次與祖父母搭著房車去旅行，祖母在旁邊抽菸，討厭菸味的貝佐斯於是幫祖母換算她每天抽多少菸，估算出一個數值後，驕傲的跟祖母說：「你每天吸菸兩分鐘，就少活九年！」祖母聽完哭了起來，後來祖父跟他說了一句話：「傑夫，有一天你會明白，善良比聰明更難。」這句話對我也是如雷貫耳，當你理直或得理時，你會選擇氣壯、教訓他人，還是選擇給人留點顏面、給與溫暖，這的確值得思考。

在自己還未成為個「咖」之前，要先把姿態蹲低，機會才會來。放大自尊其實是空心的，不經一擊；自以為在捍衛自尊，其實是自卑的反射。

在職場上，叛逆成不了事，訓練理性、邏輯性溝通才能成事。「做事堅定，做人柔軟」是一輩子的功課。

向討厭的人學習優點

討厭一個人而不跟他合作，只會顯現自己氣度不夠。看看他身上有什麼特點，或許能發現自己可以改進的地方。

Carol 放在辦公桌上的手機響了很久，她雖看著手機卻遲遲不接，坐在旁邊的小晴很不解，直催她接電話，只見 Carol 神情緊張猛搖頭，表情驚恐，小晴馬上就知道是人稱「PRADA 惡魔」的客戶打來的。這名客戶經常奪命催魂叩，果不其然，沒多久

Carol 桌上的分機就響了，主管打來問她到底在做什麼，要她趕快回電話給那位客戶。

這位客戶大概是 Carol 的夢魘，老找她小毛病，經常搞得她神經緊繃、胃痛不已，晚上也睡不好，客戶只要找到做不好的細節，就會在電話上大罵一番，完全不給 Carol 辯解的餘地，罵完就馬上掛電話。所以 Carol 討厭她到極點，甚至恨死她了，電話能不接就不接，能躲就躲，她想換客戶，但主管說她才剛來不到半年，不能選客戶，而且專案進行一半也沒人手接，看來 Carol 只能硬著頭皮把專案做完，但她老覺得客戶和自己犯沖、不對盤，甚至考慮辭職。

在生活上看到討厭的人，我們可能避之唯恐不及，想辦法離他愈遠愈好。但萬一在職場上遇到討厭的人，假設是你的老闆或必須要合作的客戶，該怎麼辦呢？大家都知道朋友可以選擇，但同事或客戶卻不行，在職場上為了工作需要，我們得跟任務相關的對象合作、完成目標，不管是否喜歡，你都得全力以赴。所謂的專業，就是為了目標任務必須放下喜好，與必要的人合作以達成目標。能具有這樣的素養，才叫專業。

在職場上，我們必定要有一個思維，就是團隊任務高於自己的好惡，在執行任務時，心中只有目標和解決方案，不能讓私人恩怨或情感左右任務完成。如果無法將心中好惡先放一旁，而是讓情緒主導思維，我們可能會想盡辦法不與這個人接觸，或碰面時神色不屑，採取不合作態度，這樣的身體語言其實也一定會反射到對方心裡，難道他會不知道？這些行為一定會阻礙任務推進，試想，對方豈會不想盡辦法來刁難，讓你無法完成任務，萬一他又是你完成目標的重要關鍵人，像是主管或客戶，那情況就更糟了。

道不同可以不相為謀，但若在職場上，則必須以任務為導向，放下情緒包袱，與任務團隊一起合作。電影《不可能的任務：全面瓦解》（*Mission: Impossible – Fallout*）中，湯姆．克魯斯（Tom Cruise）被分配與一位討厭的探員合作，他明知對方是來監視自己，而且必要時會殺了自己，但他還是接受並與之配合，直到這位探員違背任務初衷，叛離組織，他才開始與那名探員展開對決。我的意思是你當然可以討厭某人，但無法以討厭這個理由拒絕組織任務。

學著把喜惡放一邊，先以任務目標為導向。怕他捅你一刀，就小心一點。會不會有時其實是我們的好惡在作祟，所以愈看他愈不順眼，也許他有我們未曾發現的優點。

他真的有這麼糟嗎？難道他身上沒有一絲優點或可以稱作是「厲害的地方」？要不然他怎麼能坐上現在這個位置？或許，你想的是奸詐、狡猾，或陰險、諂媚，但這些「特點」再深入探討，你就會發現他並非一無是處，這些可能也是他成功之道。

我剛剛提到的那位客戶其實不是針對Carol，她對所有廠商的服務專員總是不假辭色，抓到小辮子就是一頓謾罵，大部分協力廠商都很不喜歡跟她合作，但她在自己的組織裡卻年年升官。我們同事對此都很不解，為什麼這種人還能受到重視，難道她的老闆沒長眼睛？原來她對老闆忠心耿耿，使命必達，對其他部門也會盡量配合，她嚴厲要求下游廠商不准犯任何錯，是典型對老闆使命必達、對下屬要求嚴苛的人，但她很清楚自己的目標對象，也就是知道自己的生存之道。

你能不佩服她嗎？當你看清楚整個局，就會知道每個人在自己的位置上都有他的罩門，或許看清楚之後，你會同情這種人，甚至慶幸自己不需要這麼諂媚也能生存。你可以說她諂媚，但不得不佩服她的向上管理之道，想通之後，可能就會用比較心平氣和的態度跟她合作。再換個角度想，能跟她配合的人，大都被訓練得注重細節。有次某位離職員工告訴我，他非常感激這位客戶讓他學會一件重要的事，就是不能便宜行事。

有時候或許是我們太主觀，聽到別人說某人如何如何就有了成見。曾經有位朋友跟我抱怨，說他主管只是會寫報告、英文好而已，大家都說他主管只出一張嘴，他覺得一點都沒錯，因為全是下屬在執行，他不懂為什麼大老闆都沒看到？我回答他說，你主管搞不好在老闆心中很優秀，因為會寫報告、英文好，那不就是他的優點嗎？那你也學學他會寫報告、英文好，看看你會不會升官，不要只是抱怨而已。

光是討厭一個人，消極抵制不跟他合作，只會顯現我們的氣度不夠、能力不足。倘若能看看他身上有什麼特點，那麼我們就會更積極些，須知討厭的人可能就是一面鏡子，我們能藉此發現自己不夠圓融，或話術不夠好，這些都是可以改進的地方。

不學討厭的人的心術和計謀，只學他的優點，或許他正是我們的貴人，幫助我們別跟他一樣，反而能讓自己變得更好。

大陸女孩教我的一堂課

夢想因行動而偉大，不是因光有夢想而偉大。有行動，就有改變。

一位大陸年輕女創業家，鍥而不捨透過臉書不斷接觸我、關注我、傳訊息給我，想要邀我到廈門做一場演講。他們剛創業，沒有太多資源和預算邀請知名講師，於是用滿腔誠意一試再試。她的團隊表現出來的熱情與積極，著實令我刮目相看，終於在有機會去廈門出差時，答應了這場演講。這位女孩教了我一堂課，那就是行動力，這著實驗證了夢想因行動而偉大，不是因光有夢想而偉大。

她在為我開場時致詞，告訴大家行動力的重要，她自述會想與我接觸，是源自看了一本我的著作有所觸動，所以將我列入她夢想清單的老師群，希望有天可以邀我到她的城市演講，與更多年輕人分享我的生命故事。於是她開始嘗試接觸我，經過一段時間的努力，如今夢想終於成真。她鼓勵在場所有人，一定要相信自己，化夢想為行動；一定要設立目標，不要懼怕失敗，有行動就有改變。

這跟我倡導的觀念不謀而合。一開始，她透過臉書留言，引起我的好奇與注意，她也透過出版社與臉書表達想邀請我演講，她的留言謙恭有禮且適當得體，我便決定在出差大陸的行程中，附加一項到廈門的排程，為她完成願望。

六度分隔理論（Six Degrees of Separation）提到，只要透過六個人，就可以連結到世界上的任何人，而在網路時代，這名女孩只是透過臉書和出版社兩層關係，就實現夢想清單中的一項任務，原來現實和想像的差距沒那麼大，只要透過行動，就有可能實踐，縱使是陌生人亦然。

她的感染力也令我驚訝，不僅帶領的團隊充滿這樣的氛圍，連同來參加的聽眾也感染相同氣質。在我抵達廈門時，原定下午兩點整的演講，全場五百名聽眾一點五十分就已到場就座，有的是跨過幾個城市，搭了幾小時車來的。當下她問我可否提早十分鐘開始，我訝異於全場的秩序與紀律，就連演講完也欲罷不能，所有聽眾專心聆聽，發問的踴躍度是我演講經驗中最為熱烈的。

事後我問她是如何做到的，她說會來參加此論壇的人都是認同他們「行動派」的社群理念，大家也共同具有追求夢想、改變自己的決心，她經由倡導讀書會和分享會聚集粉絲的向心力，事實證明，這是個社群的年代，因為理念而結合在一起的人較有紀律，也較能延續長久。

活動前，她一方面在微信上鼓勵大家要準時，一方面公布在其他城市舉辦活動時，開場時間的比較，激起廈門參與者的榮譽感，不想讓他們所屬的城市落後。同時，他們開放報名論壇也有嚴格的時間限制，時間一到便截止，使得報名的人非常珍惜機會，到場後，秩序井然，接待者也全都是志願者，這股力量的確讓我感動。網路世界的社群力量正在發酵，理念可以號召粉絲，相同的價值觀也可以影響社群、激發熱情。

我本就是一個極力提倡也積極實踐行動力的人，但他們的行動力更積極、熱情，夢想清單也在持續增加與完成中。幾年後我再見她，已經是一位成熟的企業家，不久後還有上市的計畫。

社群年代充滿可能性，但一切都源自行動。

徘徊在三十歲的十字路口

「成功」往往伴隨著「風險」，不想承擔風險就選擇待在原地，但待在原地的風險不見得比出走來得低。

三十幾歲，應該是人生剛在職場上站穩腳步、蓄勢待發，卻又千頭萬緒、剪不斷理還亂的時刻。工作、婚姻、小孩、生活的問題一一浮現，每個都想兼顧，但時間有限，要或不要，先要哪個？犧牲哪個？想要工作和生活平衡，卻又有些左支右絀，身心處在焦慮的狀態。身為職場工作者，處處希望展現能力被主管看見，也要滿足另一半或男女朋友的期待，但在身心疲憊之下，也只能盡己所能做出自認最佳的選擇。

這個年紀，面對的機會和要承擔的責任一樣多；一方面想飛，一方面羽翼不豐，怎麼也飛不高。經驗和能力還在發展階段，有點自信又不是那麼有自信，現在回想起來，那個年紀就像是「半桶水」。所以，有時候只能假裝很有自信，趕鴨子上架，先做了再說，邊做邊學。

我也慢慢發現一個現象，積極、勤快、正向的人，隨著時間的歷練，慢慢修正，找到適合自己的路線，發展自身能力後，有了專業，壓力便逐漸減輕，人生也逐漸改善，走上順境。相反的，逃避、散漫、找一堆藉口、不肯積極面對的人，到最後反而壓力愈來愈大，往往一事無成。

三十歲那年，我剛進入婚姻沒多久，生了第一個小孩後，面臨工作進修與兼顧育兒的抉擇。當時我和先生都處於事業衝刺的關鍵時刻，剛好有個絕佳機會可以出國念書，那個學程是針對專業經理人規劃，一年只要寒暑假各出國一個月，密集修完學分即可拿到學位。我面對著掙扎的關口。

出國留學是我一直以來的夢想，但當時我面臨幾個難題。第一，如何對主管開口，請求每年休假兩個月？第二，留學資金從哪來？第三，小孩才一歲，誰來帶？我遇到了艱難的抉擇，而我每一個都想要。但人生從來沒有完美解答，我知道有些事情無法做到十全十美，只能盡力爭取想要的，然後做好必要的妥善安排。

第一個難題，我硬著頭皮跟主管溝通留職停薪的可能性，主管非常為難，因為前無慣例，要留職停薪得破例而行，我跟主管說，如果為難的話，那我只好提出辭呈。我當時義無反顧的勇氣，現在想來都嚇一跳，最後公司破例同意我的申請。我想，主要還是我的工作績效讓主管願意首開先例。這讓我學到一件事，當你在別人眼中有價值時，別人就會想辦法配合你。

第二個最現實的經濟問題。我決定將前一份工作發配的股票全部賣光，換作學費和生活費，當時身邊的朋友同事都罵我笨，他們說如果換成去投資房地產，會賺得更多。這我當然清楚，可是出國念書是我的夢想，我決定為夢想付出代價。這件事後來讓我學到，投資自己永遠不會後悔。

第三是照顧小孩的問題。還好母親是我的後盾，她二話不說負起照顧孫子的責任，還有我的弟妹們也義無反顧的幫忙，使我內心的煎熬稍稍得到舒緩。這件事讓我學到建構身邊支持系統相當重要。

念這個MBA，付出的代價很大，我和先生一起出國當同學圓了夢想，花光所有積蓄。現在回想起來，或許錯失了賺錢的大好機會，但有能力的話，隨時都可以賺錢，圓夢之旅，讓我打開視野、拓展人脈、提升自信，這些都是寶貴的收穫。後來我才知道，我未來的發展都在於那一刻勇敢做了決定，並承擔代價。我會在幾年後決定創業，絕對跟留學、打開視野有關，那個付出，我沒有遺憾。

我從中學到：每個夢想都要付出代價。面臨艱難抉擇時，首先要想清楚願意用什麼去換想要的選項？時間？金錢？機會？還有，最糟的可能是什麼？如果願意承擔，那就去做吧！如果承擔不起，那就先放著，等待機會，等待願意承擔再說。

很多人難以抉擇的原因是，想要夢想，卻又不想付出太多代價，所以猶豫不決。「成功」往往伴隨著「風險」，不想承擔風險就選擇待在原地，但根據我的人生經驗，待在原地的風險不見得比出走來得低。

我在那時能做的最好決定，就是盡全力爭取自己想要的，然後設好所有的防護網，心甘情願付出代價換取我的嚮往，勇往直前不退縮。

如果我們每次遇到想改變的時候，都勇敢的踏出一步，後面的人生皆會隨著這次的決定而改變。或許前面有未知等著我們，但踏出了第一步，才有機會在後面修正和改進。人其實都有在困境激發潛力的能力。努力突破這些困難過程所儲備的能量，會讓自己有能力做出選擇，也會長出新的能力，讓你一步步接近夢想。

遇見三十歲的自己，那是一段奮力找尋人生方向的旅程，希望未來有機會為自己曾經的勇敢按個讚！

每年三件事，夢想不是夢

對自己狠一點，有意義的事通常不會太輕鬆。
就算每年只列一個目標，生命都可能不同。

這是一個集體焦慮的時代，不只年輕人焦慮，職場的中、高階層更焦慮。年輕人焦慮找不到好工作、競爭力不足，中階主管焦慮工作壓力大、生活失調，高階主管更焦慮跟不上時代、漸漸被淘汰。這集體焦慮除了個人因素，還來自一個環境因素——這世界變化太快，快得令我們措手不及。

以前的「是」變成今日的「非」，炙手可熱的產業一夕崩裂，ＡＩ浪潮來臨更加速了這份不確定感，職場工作者害怕被機器人取代，企業主更害怕今日的生意被莫名的創新企業幹掉，這些新科技的變化讓全球變本加厲處在不確定及快速變化的狀態。

然而，變化已經是常態，變就是唯一的不變，若我們還是故步自封，就是等著被淘汰。所以，唯一能夠抗焦慮的只有迎接挑戰，不斷學習與成長，接受一切的可能性，走出舒適圈才有機會翻轉未來。勇敢面對挫折和不舒服的感覺，唯有不舒服才會幫助我們認清事實，進而做出改變，跟上趨勢，不被取代。所以不舒服的感覺很可能是改變的開始，就看你如何面對。

當然有人認為自己沒啥野心，平平凡凡過日子就好。但平凡的定義是什麼？我認為平凡的真義是有能力不平凡卻選擇平凡，絕非沒能力不凡，只好平凡，縱使選擇平凡也要認真過日子。不爭是一回事，但絕不允許自己渾渾噩噩或懶懶散散。當然這是一種選擇，但習慣懶散後，人會變得不想思考，不肯積極，拒絕辛苦。

當習慣享樂、懶散之後，就會任由時光毫無意識的流逝，然後有一天你會突然發現除了吃喝玩樂，談不出什麼有價值的專業。雖然不想比較，但眼看著別人早已跑在前面，而自己還只是在混日子，工作找不到任何意義，當然就「茫」了。

「茫」是現代很多年輕人的現象，許多人的生命歲月在無止境的瑣事和懶散中被磨損了，等到不經意地一回頭，發現一事無成，這是多麼可怕的感覺。一旦進入職場，日子會過得特別快，一下就三十、四十、五十歲，驚覺人生過了一大半，啥事也未完成，於是開始懊惱。時間從來就不等人，我們以為自己還年輕，一切都還來得及，但若是沒有立定人生目標，只是無意識的揮霍，一眨眼時間過去了，卻發現自己永遠到不了想去的地方。

其實人生沒有成功方程式。倘若不想原地踏步，最重要的是要有一份決心，就是抱持著「無論如何我要踏出改變的第一步」，然後「盡我所能把眼前這份工作做好」，局面必定會翻轉。若沒有這樣的自覺和對自己喊話，就不會有意識的檢驗自己、改變自己。我們常聽到「機會永遠是給準備好的人」，意思是唯有你把自己訓練到具備一定的能力，才會在碰到那個機會時，有本事抓住。

我曾問過一些成功人士為什麼能成功，其中有個人的回答令我非常折服，他說：「對自己狠一點就行。」對自己狠一點就是別人享樂、我享受挑戰；別人休息、我努力。別老順著自己的惰性，讓自己辛苦點，建立目標，不受外界干擾，這是成功者的毅力和決心。他們不會為了短暫的快樂而迷失自己，也不會為了眼前的好處而放棄自己，他們堅定目標，勇往直前。

我經常鼓勵年輕人寫下願景，每年以完成三件事的速度來靠近那個願景，然後專注的做，持續一段時間，有天就會發現原來自己離願景不遠了。我遇過一名年輕人的願景是成為專業烘焙師，我同樣建議他每年做三件事去接近那個願景，於是他列了三件事，一、考證照；二、參加大大小小的烘焙比賽；三、找一家專業烘焙店從學徒做起。他持續這樣做了幾年後，已經自己創業開工作坊，現在可是小有名氣了。

我檢視自己去年的三個目標，分別是寫一本書、單車環島、在大陸開一個音頻節目，在有目標的督促下，我的日子過得豐富且有層次，雖然辛苦，但是三個目標都達成了，我覺得充實且值得。每天有意識的活著、忙著，就永遠不會「茫」。有事可做，尤其是有目標的事，是人生一大幸福，也是活得有意義的重要關鍵。我現在以每年完成三件事的速度向前進，雖然忙碌，但心裡是快樂的。

時間太快，而人生太短，人活著為了什麼？不就是要創造生命的意義罷了。對自己狠一點，有意義的事通常不會太輕鬆。就算每年只列一個目標，生命都可能不同。當你展開行動，生活有了聚焦，「時間」對你而言不是從指間流失，而是你抓得住它，讓它變得有意義。

放下之前，先學習擁有

人若還沒認真去「完成」，就說著要「放下」，顯得很空泛、很缺乏說服力。畢竟沒有「擁有」，一無所有又何來「放下」？

我年輕時，常為某一種觀點所困惑，譬如某個觀點在這個情況行得通，但換到另外一個情境又覺得行不通，不明白為何如此，心想真理不就應該四通八達嗎？後來，我才慢慢體會到，人生在不同階段，對事情的理解自然不同，漸漸瞭解並非固執一種觀點就能走遍天下，觀點和思考要能活用，才不會冥頑不靈，人生也才不會走入死胡同。

譬如，做人要正直誠信，不說謊話。但若執意說實話卻造成當事人的苦痛或悲傷，那該不該說實話？所以在不傷人的前提下，白色的謊言是不是應該也可以被接受？

同樣，我在年長後，也對「人應該要勇於放下」這句話有不同見解，如果在太年輕時，人生尚未體會擁有的真諦，就強調放下，恐怕也不是真放下。年長後，我在「擁有」與「放下」間有了更深的體悟，有些事情一定要先經歷過，才能清楚知道自己要不要、愛不愛。唯有到「見山又是山」的第三境界後，才能參透其中奧妙。

我會這樣有感而發，是因為常聽到時下年輕人說他要放下、要做自己。原來他們說要放的，是不想面對的壓力，是放下工作、責任和困境，選擇流浪做自己。他們之所以想放下，不過是想丟掉人生的「辛苦」，他們認為人生就要及時行樂，不要為五斗米折腰，不要困住自己、委屈自己，聽起來似乎有其道理，但問題是他們並未真正擁有過想追求的，又談何放下呢？所以他們所謂的放下講白一點就是放棄，一旦遇到挫折，很容易就選擇放棄，於是辭掉工作、放棄責任、不面對壓力。

像萱萱最近工作上碰到了瓶頸，工作一段時間後，她覺得熱情漸漸消失，不知道是否該換跑道，加上最近幾個案子做得不順，主管老逼著她要成長，客戶也雞蛋裡面挑骨頭，她索性想放空自己一陣子，於是在辭呈上寫著「放下一切，不如歸去」。

「放下」這兩個字好豪氣，真讓一些人找到很好的藉口與出口，當下不爽就說別逼我，不開心就逃離職場。他們振振有詞的說，人生苦短，享樂為重，勇於放下，不必為五斗米折腰。講得很有氣魄，其實只是想逃避現狀而已，不是真正放下。真正放下是放自己喜歡的，而非不喜歡的。

所以人生要學會放下之前，要先學會擁有，你有沒有完成過一項重要任務，有沒有咬緊牙關也一定要達標的成果，有沒有真真切切得到為自己驕傲、為自己喝采的那種一剎那的滿足感和成就感，這才是「擁有」的感覺。

「擁有」是人們努力的動力，你因為完成心所嚮往的夢想，才擁有了真正屬於自己的果實。人若還沒認真去「完成」，就說著要「放下」，顯得很空泛、很缺乏說服力。畢竟沒有「擁有」，一無所有又何來「放下」？擁有到放下應該是一個學習的過程，你擁有了，知道那個重量、那個價值，卻願意放下，那才是真正悟道。

唯有透過渴望追求的過程，才知道收穫是需要努力的，不是憑空而來的。努力之後若是失敗，至少在起起伏伏和跌跌撞撞的過程中，會有所體悟和學習，進而長出新的能力，如此成功了才會珍惜。

基於這個想法，我會建議年輕人先學習加法，先學習擁有，擁有後再學習放下。先問心中的願景是什麼，想成為什麼樣的人，想擁有什麼。不管追求的願景是成功、財富或名聲，先努力追求看看。如果從未努力過，怎有資格說放下，放下是屬於真正擁有卻願意捨棄或分享的人。只有擁有過，才會真正體會那個東西對你的意義。

所以我欣賞華倫．巴菲特（Warren E. Buffett），他在成為首富後，還是住在原本的老房子裡，開著舊房車，一貫過自己原來的日子，不會因為金錢的多寡，而影響到他的欲念或生活方式。別人覺得奇怪，他卻甘之如飴，把大部分財產捐給基金會。他擁有財富卻放下財富，他一隻手擁有之後，另一隻手馬上放下。

人生到了四、五十歲後，慢慢邁入人生下半場，漸漸明白外在名利的追求是永無止境的，擁有愈多卻不見得快樂，於是瞭解「減法」和「放下」的重要。放下名利、財富，放下執著，減少對外在物質的追求，發現追求心靈層次的豐富更能令人快樂安定。這個領悟可是從追求「加法」之後的醒悟，若沒有經歷過加法的過程，恐怕很難體會減法的可貴。

或許有人覺得擁有外在物質很俗氣，但我認為只要是經過努力、合法、合理得到的果實都是扎實的。「學習擁有」也是成長必要的過程，當你奮鬥之後擁有它，感覺是什麼，是舉重若輕，還是緊抓不放？只有那一刻，你才更清楚自己。

擁有，是經過「完成」的努力而到達目標的果實。所以，請不要告訴我你想「放下」，尤其在你還未努力「擁有」之前。

打造職場關鍵字

既然要在職場上生存競爭，必然要讓別人認識你、找到你。職場上很重要的就是定錨，告訴別人你的位置所在，讓GPS定位系統可以快速偵測到你。

有人問我，應該在幾歲時找到自己的定位？我認為要是能夠初入職場就找到定位當然是最好，但我知道不是每個人都那麼幸運，二十五至三十五歲這十年間可能正在找尋自己的興趣、建立自己的專業、增加自己的信心，還有急於出人頭地。如果說出社會的頭十年是準備和建立職場個人品牌期，三十五至四十歲這段時間可能是一個檢視點，這時候應該在專業領域建立了初步成績，職場關鍵字也應該出現了。

用職場頭十年來建立專業，讓別人認識你，我認為是一件重要的事。因為三十五至四十歲應該要確立方向和領域了。在職場努力了十多年，也換過幾個工作，如果仍無法找到自己的職場關鍵字，還在尋尋覓覓，恐怕壓力會愈來愈大，失落感也愈來愈重。因為此時年紀不小了，家庭、婚姻、小孩的問題也同時湧進來，你若還未在某個領域具有能力，恐怕也無力為自己做最好的選擇。

在尋找人生關鍵字之前，要先確認自己的職場定位，決定要在哪個市場努力、要扮演什麼樣的角色，要選擇職場的哪個領域、哪個位置。至少大方向要出來，譬如是AI領域的工程師，還是金融領域的分析師或傳播領域的創意角色。你願意為哪個位置努力，完成自己的專業？唯有確認這個大方向，你才能全力、專注的在這個領域累積能量，在三十五歲前讓大家看到你的作為。

現在是多元化的時代，由於選擇太多，誘惑也多，很多人都得了選擇困難症，在面臨各有優缺的選項時，總是猶豫不決。雖然人終其一生都處於瞭解自己的過程中，或許剛畢業頭幾年還在尋尋覓覓，但我建議，這個尋找興趣及頻繁轉換工作的過程別超過三年，此後你必須確認方向，這樣才有可能在三十五歲前累積專業，讓自己發亮。你必須要縮短自己的迷惘和徬徨期，找出自己的強項，專注一段時間在這上面。在職場愈能專注目標的人，愈能發揮所長，更容易成功。

不管哪個領域，都是競爭激烈，有這麼多人，你要如何讓自己脫穎而出？你若沒有定位，告訴別人你的專業在哪個領域、做些什麼、處理過那些案子或客戶，你會很容易被忘記。人們需要你告知一個定位，他們才能與你對話，資源才能向你累積。

譬如我創業初期，告訴別人我是做科技公關的專業顧問公司，於是認識的記者或客戶就會介紹潛在客戶給我，有人會告訴我，哪幾家很棒的協力廠商可以與之合作，或哪裡有好的人才對公關有興趣，希望來面試。若我們無法很肯定的告訴他人自己在哪個領域、從事什麼工作，那麼這些人脈和資源就不會往我身上集中了。

既然要在職場上生存競爭，必然要讓別人認識你、找到你。職場上很重要的就是定錨，告訴別人你的位置所在，讓GPS定位系統可以快速偵測到你，才能在茫茫人海中找到你，而這個定位必定包含你的職場關鍵字。

這個關鍵字不是你說了算，而是要拿得出有目共睹的成績或作品。人們知道你在某個專業很厲害，你的履歷一亮出來便炙手可熱，不怕找不到工作，不怕被老闆吃死死。你會爭取到職涯的自主性，可以找喜歡的工作。譬如，你希望職場關鍵字是廣告創意，那麼你有沒有得過什麼獎，打造什麼令人印象深刻的案子？有了這些成績，廣告創意才會成為你的關鍵字，引領別人認識你。

職場的關鍵字或許不是一開始就能形成，並非你想要就會擁有，你必須願意花時間，必須要在願景上認真、聚焦、持續努力，並做出成績，這幾個關鍵字才會跟著你。我從職場經驗學到，要找到職場關鍵字，可以有下列幾個步驟：

1 **找出自己的願景或方向。**知道自己的目標，才會知道自己要往哪裡走。如果還不知道，那麼就先從手上的機會開始做，從做中學，瞭解自己喜歡什麼、不喜歡什麼，甚至擅長什麼、不擅長什麼，自己必須對這一切有意識的感知。

2 **每年做一至三件重要的事來接近目標。**譬如願景是成為專業作家，那麼每年至少要撰寫多少篇文章，要能持續關注討論某個議題，並發表言論，要經營自己的部落格或專欄等等，讓願景愈來愈清晰。

3 **持續經營五年。**五年的時間必然可累積一些成績，讓別人看到你。這時候你的關鍵字一定會愈來愈清晰明確。

像我年輕時，因為是中文系畢業，心裡想的關鍵字的確是「作家」，但老實說，我那時沒什麼人生歷練，寫出來的文章也只是少年不識愁滋味的強說愁而已，沒有靈魂可言，當時也是有一搭沒一搭的寫著，完全沒有計畫也沒有毅力，所以「作家」成不了我當時的關鍵字。現在年紀漸長，職場上的歷練讓我有了足夠的故事和想法可以寫，加上持續寫著、寫著寫著變成了習慣，這幾年「作家」兩字就取代了創業家、科技公關等字眼，成了我現在個人品牌的關鍵字。

而在寫作上，我已持續經營三至五年的時間。我在職場多年，由於聚焦在科技業與公關領域，所以當年能在Google上找到的關鍵字主要有「公關、職場、女性創業」等。這也是我努力尋找最好的客戶、吸引最優秀的人才加入公司，持續幾年慢慢累積了一些成果後，才形成這幾個關鍵字，成為讓別人認識我的最佳定位。

離開職場後，我持續寫作、演講，以及擔任新創團隊導師，我持續做這些事情三至五年，結果現在別人給我的關鍵字便是「作家、老師、新創導師」等。我一直相信，只要很專注持續一件事，隨著時間的累積，就會形成厚實的能力和資產，你專注的那件事的關鍵字會跟隨你，讓你的定位清楚，讓人一眼就找到你。

要讓自己在專業上有辨識度，一定要找出自己的特點，持續在這些特色上做出亮點，交出漂亮的成績單，別人自然而然就會依循著這個關鍵字搜尋到你。

放手一搏，才能得到想要的

放手一搏、義無反顧，全心全意朝一個方向前進就是一股力量，這股力量可以感染旁人，幫你到達想去的方向。

臺灣長期的低薪現象，帶給年輕人很大的壓力及失落感，因此愈來愈多年輕人畢業後並不考慮以臺灣為就業市場，但要離家背井，飄洋過海，跑到其他國家就業，其實要有十足的勇氣及「豁出去」的思維，才能在當地站穩腳步。

Alex 在國外念完大學後，選擇去上海工作，趁年輕到正在起飛的市場闖一闖。他做這個決定不容易，因為他的同學畢業後，不是留在國外從事高薪工作，要不就回臺灣由父母安排，他卻是想自己去闖一闖。

第一份工作通常都不好找。Alex 義無反顧到當地就業市場去感受、接地氣，他在上海跟別人分租房子，寄了履歷表，也面談了好幾回，先從打工做起，兼了兩份差，一邊適應當地文化，一邊從打工的機會知道大陸企業工作的模式，終於找到第一份還不錯的工作，確定在上海落腳。

不管如何，這份工作也總算為 Alex 開啟了獨立的第一步，他終於可以養活自己。工作近一年後，他偶然發現心中的夢想企業要找一名為期半年的約聘人員，他興奮的跑去應徵。對方告訴他：「這個工作只聘雇六個月，而且你必須辭掉原本的正職工作，這表示六個月後你可能失業。你確定嗎？」他毫不遲疑地說確定。對方又表示：「但我們目前所付的薪水無法等同你現在公司的水平，你願意接受嗎？」Alex 回覆：「貴公司一直是我嚮往的企業，我不會讓你們失望，如果這個薪水是公司的規定，也無法更改的話，我願意進貴公司證明我的價值。」結果他被錄取了。

Alex堅定辭了工作到新公司當約聘人員，周遭朋友都覺得風險太高，為他捏把冷汗，他卻毅然決然這麼做。他說：「這是我離夢想工作最近的一次，我要不計代價去試試看。」儘管身邊的人都反對，覺得他六個月後又要重新找工作相當划不來，他卻安慰旁人：「我一定要冒這個險，否則會後悔。」

我佩服Alex的義無反顧，這種瀟灑和任性要趁年輕時盡情揮灑，因為成本最低，趁年輕為自己勇敢一次是件很值得的事。並非每個年輕人都清楚自己要什麼，所以光是心中清楚自己要去什麼「夢想企業」，我就已經覺得很酷了，它是一個方向、一個願景，當然值得盡全力去追求。

半年後，我遇到Alex，問他還在那家公司嗎？他很驕傲的說：「我很努力的讓公司留住我，現在已經是正職員工了。」我問他如何做到的，他說，他總是比別人多做一點、多想一步。後來主管發現他不僅勤快，又瞭解產品，也很有想法，每次問他問題總能快速提出觀點並想辦法解決，已經超乎約聘員工該做的了，所以公司竟然破例增加新的正式職位給他。

這是一個令我激賞的勵志故事。年輕時凡事多做一點、多想一點，不要老想著公司付多少錢就做多少事，太斤斤計較的人往往看不到自己失去的機會。放手一搏、義無反顧，全心全意朝一個方向前進就是一股力量，這股力量可以感染旁人，幫你到達想去的方向。我為 Alex 鼓掌！

從單槓到斜槓

要展開斜槓人生前，得要先證明自己有單槓的能力，在一項專業上已受人肯定，再用這單槓支點來支撐起其他的斜槓。

現在的年輕人很流行當「斜槓青年」，他們認為斜槓青年就是不限於某個工作或角色，可以隨自己的興趣和喜好多方嘗試，一方面能增加收入，二方面能擴展人生歷練。所以現在有很多年輕人除了白天上班的正職，還可能兼職幾個副業，或根本沒有「正職」，而是同時做幾份不同的工作。

由於「零工經濟」應運而生，主要收入由全職工作與副業組合而成。其實是因為在經濟不景氣下，雇主縮減人力預算，改為增加約聘、專案人員，許多人無法獲得一份收入足夠的正職工作，才改以化整為零的方式兼幾份差，增加收入。

我個人認為在經濟壓力下，這樣的嘗試或許是為了生存、為了達到全職收入，不得不的決定，但這種零工經濟有一項風險，就是收入和工作都不穩定。為了收入而做的兼職其實壓力頗大，與我自在的斜槓人生差距甚遠。以下舉兩個例子，就可以區分斜槓青年和零工經濟工作者的不同。

Michael 今年二十八歲，白天是金融業數據分析員，晚上搖身一變成為獨立樂團吉他手，偶爾還會到社區跟小學生講故事。每個角色他都能燃起熱情，做得相當出色。

然而另一位三十歲的 Andy 就沒這麼瀟灑，他兼了幾份工，當 Uber 司機，又當快遞員，偶爾幫朋友搞一下電商的採購，也當過幾支廣告片的模特兒，但加起來的薪資並不穩定，讓他充滿危機感。

Michael 在金融業的專長使他有穩定收入，可以無後顧之憂去玩樂團和當義工，前者是他的主業，後兩者是他的興趣和熱情所在，這樣的工作組合讓他覺得人生很豐富、很有意義。相較之下，Andy 是為了賺錢才兼很多份工作，雖然當模特兒是他的最愛，但機會不固定，為了收入，只好多兼幾份差，卻沒有一項職務是特別擅長或表現優異，他開始懷疑自己是否還要繼續斜槓下去。儘管這兩位年輕人都稱自己是「斜槓青年」，但我認為 Michael 才是個熱情的斜槓青年，而 Andy 只是零工工作者。

其實斜槓人生的觀念並沒有錯，人的興趣和角色是多元的，有機會發展出多重職涯。但我也發現有些年輕人誤解了斜槓人生的真義，以為斜槓就是多兼幾個工作，多賺一點錢，於是這股流行讓很多年輕人在還未建立專業前，名片上就多了幾項斜槓，可惜都不專精，也說不出哪一項特別厲害，充其量不過是打了好幾份零工。

斜槓人生真正的精髓是每個角色都必須有專業、有競爭力，而不只是興趣廣泛或兼兼差。真正斜槓青年是可以將專長整合成不同的職涯架構，可以自主選擇生活方式和工作模式經濟無後顧之憂，可以找到自己熱情所在，嘗試不同角色，卻又做得很出色，令人刮目相看。賺錢絕非斜槓人生的主要目的，只是附帶而來的收益，最主要的是依自己的興趣和專長來發展工作組合，不論相互關聯或各自獨立，都各有千秋。

這樣的觀念非常重要，當我們尚未財富自由前，很難灑脫的隨自己興趣選擇喜愛的工作模式，斜槓人生這種自主工作模式雖然很棒、很令人嚮往，但必須要很自律，才能做好每樣斜槓工作。其實真正的斜槓工作者，每一項工作都發展得非常好，不是一般水準而已。他們擁有自主人生，並非只是兼差或打零工。

因此，我建議要展開斜槓人生前，得要先證明自己有單槓的能力，在一項專業上已受人肯定，有最主要的專長或收入。先以這個專業做為你的主收入，行有餘力再衍生其他的興趣成為斜槓青年，會比較游刃有餘，不至於為了財務而滅掉熱情。若是不夠專業，每樣工作都做得普普通通，縱使再多斜槓也沒什麼用，別人很難定位你，最後只會落入「多而不精」的評語。所以斜槓之前，最好有一個單槓支點來支撐起其他的斜槓。

譬如寫作是你的專長，那麼你就可能以這個支點發展相關領域，像是記者、編輯、文案、企畫、出版、老師等職務，只要時間管理得當，就很容易展開斜槓人生。最重要的是要做出成績，用作品說話。譬如寫過什麼文案、得過什麼獎、開過什麼課程。你的產出會影響斜槓的精采度。

所以，職場的頭十年，先學好「單槓」，那是斜槓的基礎，先完成一樣專業，之後比較容易展開斜槓人生。因為大家認可你的能力，也較容易爭取到嚮往的下一份工作。就像創業家，若有一次成功的機會，當他再次創業時，就比較能吸引投資人的目光。

無論你現在幾歲，用現有的成績去換取下一個理想工作，用單槓賺取資金去支持你想發展的斜槓人生。當不以賺錢為唯一目的去做自己有熱情的事，才能真正找出生命意義，累積資源過自己想要的人生。

向上管理四大祕訣

向上管理必須有自己的觀點，並且學習溝通與說服的技巧，讓老闆願意聽你的建議，完成你想要的事。

有一次我在一群職場年輕人中，做了一個小小的調查研究，結果他們最困擾的竟然是與老闆溝通相處的問題。不少人向我求救：「到底怎麼和老闆好好溝通？我只想用郵件和訊息解決一切，但每次只要老闆傳來訊息，我都手心冒汗。」

別忘了，老闆也是人。只要是人，就不可能永遠無法溝通。很多人認為跟老闆溝通或跟老闆靠近就是拍馬屁、抱大腿，怕引起同事議論，總覺得對老闆敬而遠之才是防身之道，這其實是錯誤的觀念。這麼做不僅在職場錯過了向老闆近身學習的機會，也錯過將老闆變成貴人的機會。

懂得向上管理之人知道與老闆打交道的方法，讓他釋放資源，支持我們該做的事情，順利完成任務。向上管理必須有自己的觀點，並且學習溝通與說服的技巧，讓老闆願意聽你的建議，完成你想要的事。

由於這是經由雙方共識所做的決定，同時也是你同意的，它不再是交代任務，因此你會全力以赴，儘管做的事一樣，但心態與成就感卻大不同。因此，說老闆聽得懂又願意聽的話，能說到老闆心坎裡，進而支持你的決定，這不是拍馬屁，是智慧。

我認為要做好向上管理必須先做好幾件事。

1 **瞭解老闆的風格和好惡，尊重老闆的時間。**有的老闆喜歡巨細靡遺的報告，有的喜歡聽大方向，沒有耐性聽小細節，所以一開始就要搞清楚用什麼方式與老闆溝通最有效。不要在重視細節的老闆面前講些雲端的話，你可能會被認為搞不清狀況。同樣，別在重視大方向的老闆面前講太瑣碎的事情，他可能沒耐性聽你說完。

2 **隨時更新工作進度。**在專案進行中，也要適度報告專案進度，讓老闆或上級安心，因為他也怕更高層問他相關問題時，他答不出來。

3 **不要只帶問題給老闆，同時也要給解決方案。**老闆不見得都喜歡聽話的乖乖牌。發生問題去找老闆時，最好也能夠提供你的想法，同時提出不同的解決方案讓老闆選擇，讓他覺得是他自己下的決定，但事實上卻是你的提議。這樣，他就會願意用他的資源幫助你達成任務。

4 **適度感激老闆。**再次強調這不是拍馬屁。這些居高臨下的老闆承受的責任重、社會壓力大，其實「高處不勝寒」。身為老闆的「孤鳥」偶爾也需要知道自己是否有價值，所以適時感激或讚美他，可以讓他知道「有你真好」。譬如，在帶領團隊打了一場無懈可擊的勝仗後，說一聲：「老闆，能在你的團隊真的學到很多，謝謝你！」

最好的方式就是設想自己當老闆時，你會如何處理這個難題，並觀察老闆如何解決，久了之後，你會知道他的風格，也會有他的高度。

最後我再次強調一個觀念：向上管理和拍馬屁、抱大腿是兩回事，向上管理是懂得讓老闆釋放資源，讓他來幫你達成目標。

能夠掌握上述重點，我相信你會成為老闆不可或缺的左右手。

安慰自己一下就好

找藉口很容易，怪罪別人很容易，激勵自己往前走不容易，迎接挑戰更不容易。如果我們不把這個絆腳石搬開，就只能停留在這裡，自己擁抱自己而已。

藉口是把雙面刃，可以療癒也可以毀滅，看你怎麼使用。

對於自己不想做的事，人總是喜歡找藉口。因為這樣能讓自己不用太自責，讓自己舒服一點，騙自己「不是你不行，只是你不想」。另外，對自己做錯的事，也總喜歡用藉口讓自己相信錯在別人，這樣日子就會好過一點。

明明健康出問題，需要減重，還藉口人生苦短，享樂當下比較重要，卻不去控制對食物的欲望。明明你和對方感情變淡，卻還藉口只是對方太忙，忙完之後就好了，不去面對兩人情感的癥結。

藉口的用處有兩種，一是讓自己舒服，二是讓自己不用面對現實，橫豎都是寵自己，所以人們就會經常使用。藉口偶一為之，安慰一下自己，藉此重建自信，讓自己從困境或谷底裡快速爬起來，不沉溺於悲傷或自責當中，也不失為一種療傷的方式。只是這種方式必須要快快過去，不能陷在其中太久，否則會像鴕鳥埋首沙堆中不想抬頭面對現實，藉口會變成妨礙成長的絆腳石。

以前我有位員工老是怪客戶難搞，起初主管信以為真，幫他換了幾位不同的客戶，但幾乎每位客戶都被他嫌棄過，似乎都無法令他滿意。後來主管深入觀察，才發現是他能力不夠，無法達到客戶要求，又生怕客戶先告狀，所以就先抱怨是對方不好。他以為這樣可以讓主管認為並非他不盡力，而是客戶太爛，但是時間一久，大家都知道他在找藉口，也漸漸對他的能力產生質疑，最後他因為壓力太大不得不離開。

經常性找藉口讓我們永遠在原地打轉，走不出自己的人生。藉口總是自欺欺人，讓我們躲在現實後面不願看見事實。有時是我們不想放它走，因為它讓我們有依賴，讓我們找到自憐的位置；但它也讓我們停滯，失去往前進的勇氣。如果我們不把這個絆腳石搬開，就只能停留在這裡，自己擁抱自己而已。

我在大學時，因為近視看不到黑板，但我從不承認自己近視，也不想去看醫生，總自我欺騙是老師字寫得不清楚，其實是想坐到最後一排打混，做自己的白日夢，不想認真聽課。這種鴕鳥心態，讓我錯過很多精采課程，年輕時沒能好好學習，以至於到了職場才發現知識不夠，學問淺薄，還好後來進入職場花了很多時間來彌補知識上的不足。

原來藉口雖然可以讓我們躲掉一時的壓力，卻解決不了問題，同樣的問題會換成另一種形式再度找上我們。找藉口很容易，怪罪別人很容易，激勵自己往前走不容易，迎接挑戰更不容易。如果我們老是選擇容易的事做，就會形成一種逃避的習慣，唯有面對問題，認真承認自己的不足，才能培養出解決問題的能力。

遠離愛抱怨的人

每個人都有讓自己快樂的責任，死抱著負面情緒不放的人就是在懲罰自己。

Sandy是我一位好友的小孩，在國外工作的她回臺渡假，來找我聊天，我問她在職場上有什麼心得，她說：「阿姨，我發現在職場中最會抱怨的那些人，到最後都會是loser（失敗者）。」我很訝異她才二十八歲，怎會有這樣的體驗。

Sandy進一步說：「那些會抱怨的同事，每次都講一樣的話，總是抱怨別人不好、環境不好、機會太少，抱怨這個不好、那個不好，但從來沒反省過自己好不好。譬如：『為什麼她的工作量那麼少，老闆卻還嘉獎她，你不覺得都是我們在做牛做馬，然後讓她去邀功嗎？』『你不覺得這個客戶很機車嗎？老是挑三揀四，又改來改去，為什麼我老是這麼倒楣都碰到這種客戶？』『今年公司旅遊又縮水了，對面那家公司聽說去義大利員工旅遊耶，老闆未免太小氣了，我們這麼拚，公司還對我們這樣。』」

Sandy總結說：「一開始大家還認真的聽，久了之後講的都一樣，當別人都努力往前走的時候，他還在原地不動、唉聲嘆氣、怪東怪西，大家都聽煩了，就慢慢的遠離他，不想跟他多來往。你說他最後會不會是一個loser？」

聽了她這番話，我覺得還滿有道理的。不要以為抱怨只是個小習慣，若是心情不好只是找個出口偶爾宣泄一下，那倒還好，但是當抱怨成了習慣以後，別人會覺得你老在倒垃圾，沒人想當垃圾桶。

愛抱怨的人遇到麻煩第一件事就是先怪別人，對他們而言，遇到瓶頸、不順的事，怪別人是最容易的，檢討自己總會使自己難過、打擊信心，為了逃離這種情境，他們認為先怪對方能減輕自身壓力，也可以博取別人同情，降低外界對自己的責難，所以這種人會漸漸失去自省能力。當一個人失去自省能力時，就永遠不會改進，總是以自己為中心來思考事情，喪失同理心，這樣的習慣會讓他成為一個原地踏步、不受歡迎的人。

Sandy描述，一開始大家都還一起吆喝吃中飯，這名同事起初只是發發牢騷，今天罵客戶，明天罵老闆，後天又講某同事，大家總以為他只是受了委屈，所以還安慰他，跟他開玩笑，沒想到他發現大家都很關心，益發覺得自己很有見解，於是把批評老闆、客戶、其他部門同事當作社交話題，換湯不換藥，後來大家覺得沒意思，索性不找他吃飯，同事關係變得很尷尬。

工作或生活遇到不如意時，難免會抱怨一下，有時身邊同事或友人抱怨時，我們總會給與安慰或打氣，大部分的人都只是抒發一下，事後便會慢慢復原，所以看到朋友因為我們的分享或安慰能繼續往前走，這種相互支持、相互成長的友誼格外溫暖。

但是最怕的一種人，就是老在抱怨相同的事，譬如主管（還有老公、婆婆……）如何如何，昨天對她如何，今天又如何，其實都繞著同一個問題，乍聽之下滿腹委屈，但她似乎把我們之前勸過的話都拋到雲端，每次碰面就要重複一次她的遭遇，乞求你的同情與關心，老是聽同樣的故事和劇情你能不累嗎？抱怨的人在得不到別人關注時，很容易不開心，最糟的是他們的負能量很強，最好遠離，以免受影響，連自己也不開心。

抱怨的目的不外乎三種：一、只想抒發一下；二、希望別人給建言；三、尋求支持與同情。既然如此，倒不如抱怨前先過濾一次你的目的，想完之後就會冷靜許多，因為你會發現其實大都只是想抒發一下而已。如果是這樣，建議不要在公開場合，找你信任的好朋友，最好是理性的好朋友，不要和你一樣情緒氾濫的人。然後說：「有件事我憋著難過，抒發一下心情，請你讓我倒一下垃圾。」類似這樣的話先說了，你就不好意思講太久，打擾了別人的情緒。

遠離負面能量強又死抱不放的人，遠離愛抱怨還有悲觀思考的人，他們只看到困難和風險，看不到機會。遠離不成長的人，他們無趣。遠離不快樂的人，他們無法讓你開心。然而，我們也要期許自己別變成這樣的人，無論發生了什麼傷心、難過、悲傷的事，都要練習轉念，盡量讓負面的情緒快快過去，否則就是在懲罰自己。

轉念的練習，必須得先有認知自己情緒的能力，意思是說，當喜怒哀樂的情緒上來時，你要能辨識它，告訴自己我在生氣了、在緊張了，或在悲傷了，然後才能有意識的啟動轉念機制。轉念的關鍵不是去壓抑情緒，而是將情緒引導到一個你可以接受的地方。所以轉念的練習包括：

- **認知情緒的能力。**認識你的情緒現在所處的階段，確認並承認它在那裡。譬如我意識到我的情緒是「等會兒要上臺簡報，我很緊張、腳在發抖，因為臺下有很多長官，如果講不好，大家一定會看笑話，我的面子往哪裡擺，以後就完蛋了……」（愈想愈緊張害怕）。認知自己的狀況是第一步。
- **啟動轉念機制。**先不去看困境本身，改去看機會和目標。譬如開始練習深呼吸，正面的想：「我已經準備好幾天了，這是我大展身手的機會，我不就等這一刻嗎？」這樣會讓情緒慢慢平穩下來。
- **鎖定目標去完成。**然後想：「我昨天不是已經對著鏡子練習過好幾次了嗎？只要將昨天準備的再講一次就行了，不是嗎？」他們會讓我緊張，「等會兒上臺時我不要看長官的眼睛，盡量看前方那幅畫就好了。」

其實上面的情境是我年輕時在職場發生過的場景，我盡量不去看困境，停止去想事情糟的一面，而是去思考事情翻轉後的另一面會令我如何開心，然後激勵自己盯著那個目標去完成，以釋放壓力。後來遇到很多人生壓力時，我都是這樣練習，漸漸的便能克服壓力，知道如何鼓勵自己，遠離負面思考。

人生不如意的事十有八九，如果任由自己被這些不如意的事打擊，那麼挫折感會很大。所以每個人都有讓自己快樂的責任，遇到不如意的事時，記得練習轉念。

同事，不需要天長地久

朋友可以選擇，但同事不能。
千萬別將友誼放在公司任務前面，沒有公司願意花錢讓你來交朋友。

Alice 和 Bella 本來是高中同班同學，而且還是無話不談的閨密。Alice 先進公司，之後也把 Bella 介紹進來，她本想好朋友一起工作相互有個照應，但最近 Bella 升官，成了 Alice 的小主管，開始對她有點若即若離，不再像以前那麼熱絡，Alice 心裡很難過，覺得 Bella 太現實，升個官就跩起來，真是看錯人了。

其實 Bella 沒有錯，主管和下屬不能毫無距離，是 Alice 的期待錯誤。Alice 覺得 Bella 應該更挺她、甚至照顧她才對，同事和好友不該有衝突，豈知現實並非如此。現實上工作上一點點小事都可能變成她們友誼破滅的導火線，讓雙方尷尬不已。Bella 保持距離其實是保護雙方，對 Alice 透露一個訊息：不要失了方寸。

Bella 心裡明白，身為主管，永遠都不能期望和部屬成為好友或閨密，並非部屬不能當朋友，而是位置角色不同，期待自然有異，如果當好朋友就會有太多干擾。主管和部屬的關係是上對下，是肩負組織任務，而任務的完成必須由主管發號施令，讓部屬同心協力才有辦法達到目標。

當 Bella 希望完成任務時，她需要團隊紀律和指派工作，面對 Alice，她很難不帶感情的對她提出要求，也無法理直氣壯的讓 Alice 服從。若對 Alice 好，同事覺得不公平，對她要求，Bella 心裡有疙瘩。Bella 思考之後，不想左右不是人，她想找上面主管談一談，看她或 Ailce 能不能調部門。

很多人會將好友找到公司一起工作，倘若在不同部門，雙方都還有可能因為競爭關係倍感尷尬；要是在同一部門，也可能讓別人覺得你們搞小圈圈。一不小心像 Alice 和 Bella 變成上司和下屬的關係，那就更加尷尬。

Bella 的考量是對的，當好友成為你的部屬時，一定會造成管理的困擾。倘若 Alice 表現好而升遷，別人會覺得她是靠關係，表現不好則有損主管的權威，橫豎都吃力不討好。主管和部屬的分際，還是有必要畫上一條清清楚楚的界線。畢竟工作就是工作，一切以達成組織目標為首要考量，這樣才是專業的思考，太多個人因素的包袱，反而妨礙任務的進行。

另外，有一個相反的例子是在前公司發生的。有位總監非常在意團隊精神，希望員工除了工作時間之外，休閒時也可以多交流，提高向心力，所以她經常開啟一對一的談話，關心部屬的私生活，包括感情、婚姻等，她心想除了同事間的關係，大家若能培養出類似家人朋友的感情，會對工作更有幫助。但後來竟有下屬因精神壓力太大提出辭呈。事實上，並不是每位員工都想分享私生活，也並非都想交心。這位總監陸續的過度關切，搞得部屬很有壓力。這位離職的員工說：「讓工作回歸工作有這麼難嗎？」

除了長官部屬的關係不宜成為朋友，一般同事間也不要有錯誤的期待。有時同一期的同事特別投緣，因為年齡相仿，在任務上相互扶持，一起吃飯、一起加班、一起罵老闆，朝夕相處之下，很容易培養出革命情感。但若投入太多情感因素，最後同事離職或升遷時，也很容易影響自己的心情，動搖自己待在公司的意願。若是任務的配置不對等，或調到競爭部門，就更進退兩難了。

其實，職場上本來就有從屬關係，也有不同角色，為了達成任務，我們必須要尊重組織的角色，最好不要逾越。尤其同儕升遷變成長官後，很難回復到以前如革命夥伴的緊密情誼，這不能怪對方，因為位階有變，從屬關係也已經不同。

朋友可以選擇，但同事不能。同事是一群有任務在身的人所組成的，最重要的目的就是完成工作使命和目標。所以千萬別將友誼放在任務前面，否則得失心會很重。曾經有位年輕人很受傷的告訴我，他將一位同事當朋友，掏心掏肺，但對方卻只將他當同事而已，只想公事公辦。我很嚴肅的跟他說，你的同事沒錯，是你期待錯誤。

記住，我們到職場來的目的不是交朋友。沒有公司願意花錢讓你來交朋友，公司期望的是你可以貢獻能力、完成目標、達成任務。交朋友另尋他人吧！

其實我的意思並非同事關係就成不了朋友，而是不能有期待，有期待便會有失望。要能明白同事的關係很單純，共同完成組織的目標使命即可。同事能夠變成朋友那是意外，不是刻意。或許哪天不當同事了，更能輕鬆地放開心胸當朋友。

同事，不需要天長地久。

別逞口舌之快

聰明的人絕不會因逞一時口舌之快而壞了大事。說話就要把話說到對方心坎裡去，說得別人舒服，也不委屈自己。

我年輕時個性衝動直爽，常逞口舌之快，話到嘴邊就控制不了，不吐不快，明明知道說出來的話一定傷人，但還是擋不住自己的衝動。最後，除了剎那之間那一個「爽」字，大概什麼都沒有，得罪了人不說，事後還空留遺憾。

當然年紀漸長，個性修練不少，尤其當了主管，漸漸發現我那「有話直說」的個性，講好聽是「直爽」，其實背後是自私與沒有同理心。這樣的個性讓我早期在領導與經營事業上，踢了不少鐵板。

記得十多年前，我在一次經管會議中，由於不能體諒一位主管因家中事務耽擱，沒有準時將專案交付給客戶，導致客戶有所抱怨，便責怪了這名主管，當時我見他不承認錯誤，就不耐煩地脫口而出說：「你領的薪水比別人多，就該擔負多一點的責任。」沒想到這句話刺傷他的自尊，會議結束後一封辭呈就在桌上等著我，而我魯莽及沒有同理心的言詞，即使事後跟他道歉並解釋自己沒有惡意，但最終還是無法挽回這名優秀主管。我的一張快嘴，付出的代價不小。

另外，有位客戶在談判過程說了質疑團隊能力的話，又一再殺價，我一氣之下，便要他另請高明，卻不瞭解願意點出問題的客戶才是會和你繼續合作的客戶，之後果然再也沒機會與其合作。縱使他後來跳槽到另一家公司負責行銷工作，經過幾年成長，大家都變得成熟了，但之前的心結讓我們再也無緣合作，實在可惜。

話說出口就像滿出去的水，覆水難收。尤其當雙方都把話說死了，就毫無臺階可下。真要化解嫌隙還得靠時間和機緣，實在得不償失。做人的道理其實從說話開始，如何把話說得圓融又到位，這才是一門藝術。

如果我當時多體諒那位主管的處境，不在會議中當眾責怪他，並詢問他需要什麼樣的支援來達到客戶的需求，或許我不會失去一位人才。又如果我當時知道上述那位客戶的質疑其實是希望我們更好，想繼續合作，我會耐性向他解說，釐清他的疑慮。

我現在總警惕自己傷人的話別脫口而出，聰明的人絕不會因逞一時口舌之快而壞了大事。說話就要把話說到對方心坎裡，多以對方的立場著想，事情才能有轉圜餘地。

譬如對之前那位主管可以這樣說：「我瞭解你現在的處境無法專注在工作上，但這個專案必須要準時交付，否則公司會失信，你覺得公司能怎麼幫你？」對之前那位客戶我可以說：「我瞭解你的立場，我們也希望專案可以達到你的要求，但若是預算再被砍，恐怕影響品質，對貴公司的品牌和信譽也不好，我們一起來想想辦法吧！」

不用馬上發脾氣，先表達同理心及願意幫忙的心態，但同時也暗示以大局著想，大家一起解決問題。同理心是最大的關鍵，沒有先表示理解對方的立場，會被認為自私、只為自己辯護。在商場上，倘若話不投機半句多，也只能謝謝不聯絡了，這是我付出慘痛代價的學習歷程。

會說話的人懂得看清局勢，說得別人舒服，也不委屈自己。這是一門深奧的學問。在人際課程上，我深刻反省，無時無刻不在學習中。

聽到對方心裡的ＯＳ

溝通第一要件是懂得傾聽。傾聽不是只聽對方講出來的話，是要聽懂話背後的意思。

這是我和一位大學教授聊天時聽來的真實故事，很好笑，但也令人省思現代年輕人的天真。

有一次同學們要去買飲料，順便問老師要不要也買一杯，老師回答：「不麻煩。」

沒想到同學回來後，每個人都有飲料，唯獨老師沒有。老師看到這個結果有點傻眼，就笑著問同學：「我真的沒有飲料啊？」同學老實回答：「老師你自己說不要的啊！」老師說：「我沒有說不要啊！我是說不麻煩，意思就是你們如果不麻煩的話，就幫我買一杯，麻煩的話就不必了。你們不知道我們這一代的人都很含蓄嗎？」結果同學笑成一團，要老師以後講話直白一點。但老師卻希望學生多一點心思，去思考別人話語背後的真正意思。

這位老師事後開始擔心起這些年輕人，他說：「說好聽是天真、沒心眼，但到了職場怎麼辦？不懂話語的真正含義，怎麼辦？這肯定會吃虧的。萬一他們到職場遇到這個年代的長官，講話都很含蓄，有時會拐個彎、繞個路，他們聽不懂，到時候要不得罪了長官，要不就是被設計了，那該怎麼辦？」

老師的擔心也不是沒道理，現在的年輕人太過直接，當然好處是清清楚楚、明明白白，但缺點是沒有同理心，得罪了別人還不知道。或許我們這個世代也要調整思維，現在不流行含蓄了，有話直說可能比較符合新世代的需求。不過並非每件事都可直話直說，尤其在職場或人際溝通上，不用心傾聽，恐怕會吃大虧。溝通第一要件是懂得傾聽。

傾聽不是只聽對方講出來的話，是要聽懂話背後的意思。

在職場上，溝通絕對不是每個人都直來直往，你必須要聽出對方背後的ＯＳ。有些人就是含蓄，不好意思直說，所以繞個路，但最終就是希望你懂他。職場上若碰到這樣的客戶或老闆，不但要多費點心思，還要舉一反三。

客戶百百種，真碰到比較含蓄或內斂型的人，你就得多思考一下他的言外之意，如果是面對面，你可以多觀察對方的表情和身體語言；若是在電話中，你就得多注意他的語調及內容。

我記得有回一位客戶和公司一位ＡＥ的對話如下。如果你是ＡＥ，會如何解釋客戶的心思？

客戶：「今天討論的企畫案修改後，最晚明天寄給我。」

ＡＥ回答：「可是我明天休假，後天給可不可以？」

客戶冷冷的說：「那就算了！」

你會不會跟這位少心眼的ＡＥ一樣沒聽出客戶在生氣，所以也沒跟主管報備，就真的大刺刺跑去休假？兩天後，客戶氣沖沖打電話來跟主管抱怨我們該交的會議紀錄都沒給，打算要換團隊，主管叫來ＡＥ，沒想到ＡＥ很委屈的說：「是客戶自己說算了，所以我就去休假了。」主管氣得說這名ＡＥ真是外星人。

這樣的年輕人我遇過不少，不知是懶惰還是太天真，不肯思考，就算有疑惑也不多問，就自己詮釋，最後會錯意、做錯事。所以學習溝通之前，要先學習傾聽，同時要將心比心。聽話真的不能只聽表面，不確定對方話的意思時，就多問一句：「我聽到的是××，是這樣的意思嗎？」否則別傻呼呼的以為聽到這樣就是這樣，其實這樣往往是那樣。

職場上什麼樣的人都有，溝通對話時多一點同理心、多問一句、多思考，出大錯的機會就會減少。

是朋友就不會為難你

人際來往無所求，大家都放輕鬆最好。我們發自內心對朋友好，但別期盼對方一定得要有所回饋。

演講時，我很享受最後的問答時間，雖不見得可以回答所有問題，卻能洞察人生的疑難雜症，瞭解現代年輕人和上班族遇到的苦悶。那天在一群女人的私塾論壇後，一對姊妹花怯生生地跑過來找我。

姊：「老師，我們現在剛創業，開了一家餐廳。」

我：「很棒啊！」

妹：「可是我們很苦惱，就是有個朋友常來用餐……」

我：「喔，他不付錢嗎？」

妹：「不是，他有付。但是他經常想占便宜，說我們送得不夠多，讓他沒面子。可是已經打折又送東西了，他還是覺得不夠，我們很困擾，不知該怎麼辦。」

我：「他是開玩笑的吧？」

妹：「不，他很認真地講了好幾次。」

我（很認真）：「是朋友就不會這樣講。」

姊（一臉疑惑）：「可是他算是我們很熟的朋友。」

我：「很熟的朋友更不該這樣對你。」

兩人（神情有些震撼）：「是喔，我們從來沒有這樣想過……」

我：「開餐廳，朋友來捧場是人之常情，可是你這位朋友的要求和期望值似乎很高，只站在自己的角度，從沒考慮到你們創業維艱，是不是站穩了腳步，是不是有獲利，經營得如何。那真的算是朋友嗎？」

我們身邊都可能有創業的朋友，不要因為朋友做生意，就期望他要嘉惠於你。這種期望只會增加對方負擔。不要想去占便宜，做生意也要生存，企業獲利了才能永續經營啊，你不會去要求賣鑽石的朋友送鑽石吧！所以不管朋友做什麼生意，你都沒有權利要求任何優惠，除非是朋友自願，但你不該有任何期望。

很多人開餐廳，光招待朋友就花了不少錢，偶爾一、兩次還可以，但不能是常態。你希望朋友永續經營，那就以實際行動支持讓他生意更好，朋友間相互捧場是情誼，但是捧場並不代表你的地位比較高，也不代表你施了恩惠給別人。你付了錢，人家提供相對的服務給你，相當公平。

職場上也一樣，不要因為朋友現在位居某個位置就要他為你開方便門或為你便宜行事，這都是不對的，嚴重的還可能吃上官司，尤其是有利害關係的案子，更不能提出令人為難的要求，陷害了朋友。我有位朋友在上市公司的投資部任職，他應老同學的要求，而洩漏了一件重大投資案讓同學去炒股，結果吃上了官司。

就算是小小要求，只要是利用朋友職務之便，就不該開口。我以前有位員工轉職到一家電影娛樂公司當公關，經常遇到以前同事打電話來要免費公關票，這也令他很頭疼，不知如何拒絕。他們最常講的一句話就是：「這點小忙你也不幫，真不夠朋友！」有些人就是無法承擔「你不夠朋友」這句話，所以替朋友赴湯蹈火在所不辭，但卻危害了公司利益。你想想，你的朋友要你假公濟私，圖利於他，這不是害你嗎？真正的朋友怎麼會這樣為難你呢？

我在職場上創業，將公司併購給奧美後，經常遇到朋友人情請託，是否可以將他的小孩或朋友的小孩介紹進去，我的回答一律是「非常歡迎他們來應徵本公司或奧美集團任何一家公司，請將履歷和自傳寄到人事部門，我可以跟人事部說一聲，若有適合職缺會通知他們來面試，我不會親自面試，所有的程序必須依照公司規定，希望你可以諒解。」通常朋友也會理解大公司的做法。

真的是朋友就不會為難你，他們會衷心希望你事業成功，不會斤斤計較折扣，或希望得到特別優惠才開心，你生意好他會為你高興，願意無私來捧場，是朋友就不會給壓力，這樣朋友關係才能長長久久。

我奉勸那對姊妹，好朋友或常客捧場訂個自己可以承擔得起的優惠規則，算是人情世故，也算是經營客戶關係的成本，他們來就按照這個規則，不用勉強。真正的朋友會關心你，會為你著想，會希望你成功，不會祈求回報。

人際來往無所求，大家都放輕鬆最好，我們發自內心對朋友好，但別期盼對方一定得要有所回饋，否則雙方關係一旦鬧彆扭，到最後一定漸行漸遠。

朋友之道，在於真誠，在於沒有負擔。

找一位人生導師

世上有很多智慧長者，如果你有幸遇到了，他的一句話就能提點你，讓你做出改變，蛻變成更好的自己。

年輕人的身邊若有一位人生導師，那是一件很幸福的事，如同電影《心靈捕手》（*Good Will Hunting*）的尚恩教授引領主角威爾走出人生的困境。有一位懂你的師長或長者，在人生道路給你提點，在迷惘不知所措時鼓勵你、給你溫暖，如此一來，你的人生就會如沐春風。這個人當然有可能是父母，但他們的角色不同，距離太近，反而有壓力；若是一位溫暖長者，反而可以抽離，給與剛好的提點。

人生導師就像生命中的那道光，總是在人生最低潮時帶給你希望、拉你一把，給你向上提升的力量，給你支持和溫暖，引導你走向正確的道路。所以年輕時若能遇到或找到人生導師，那真是無比幸福。但不用刻意，因為不是用力就找得到，可能是一個機緣，可能是一句話，或一本書，在你遇見時讓你豁然開朗、茅塞頓開，讓你心領神會，於是你視之為人生導師。

我大學時，有位中文系教授是我的人生導師，在我迷惘和困惑時，總是從他智慧的言語裡，找到繼續前進的力量。有一次我跟母親吵架，氣得想離家，老師跟我說：「全世界最不會害你的就是父母，他們講的話可能不中聽，但絕對不會害你。」接著，他慢慢安撫我叛逆的情緒，告訴我很多故事，讓我體會父母的心情。於是，他成為我年輕時的人生導師，在挫折、徬徨時，我會閱讀他的文章，聆聽他的教誨，總是令我的心感到安定，讓我避免因為好強的個性而做出躁進的事情。

創立公司後，我曾經在面臨培養多年的員工陸續離職之際，心裡非常難過，以為自己做錯了什麼事，相當自責，認為自己是個無能的領導者。那時一位職場老前輩跟我說：「你沒有錯，每個人都有自己的路要走，你沒有辦法為他人的人生負責，你也必須繼續往前走，才能有更大的能力帶領公司。」我聽完後淚流滿面，因他的一席話全然釋放了自己。

在我人生最低潮時，在一篇文章中找到再次相信自己的力量，那篇文章對當時的我而言，就像我最好的人生導師。一句話、一本書、一場演講，甚至一次旅行，你突然被一些有智慧的話語打醒，讓你全身起雞皮疙瘩、讓你醍醐灌頂、讓你像遭電擊般被觸動，就是那一剎那，你打開了自己，明白了一些事，於是你再次成長。

年輕時，有人生導師是非常幸運的事，他可能一路看著你長大，瞭解你、疼愛你、支持你，在你最脆弱時給你溫暖、給你力量。或許他只是傾聽，你就感到安全。能夠找到人生導師是一種幸運，也是一種緣分。世上有很多智慧長者，但我們未必遇得到，遇到了也未必有緣成為導師。如果你有幸遇到，他的一句話就能提點你，讓你做出改變，蛻變成更好的自己。

若有這樣的人生導師，請尊重他、感謝他，與其長久保持師生關係，適時表達感激和關心，他最開心的事，一定是看到你的成長。

向前行比往後看更重要

人生就像馬拉松賽跑，快慢不是問題，調適成自己最舒服的方式，心無旁鶩、鎖定目標往前邁進，才是最重要的心態。

我經常去髮廊洗頭，有位洗頭助理很久都沒見過了，後來又看到，我就問去哪裡了？她說離開髮廊幾年後，決定再回來，她邊幫我洗頭，邊跟我聊這段期間的經歷。

她：「我十八歲就開始幫人洗頭，洗了兩年覺得很辛苦，就跑去五分埔賣衣服，過不久又去當餐廳服務生，輾轉換了幾份工作，一晃眼七年過去了，發現自己一事無成，覺得有一技之長還是最重要，所以現在我又回來從洗頭開始學起，但是很後悔浪費那七年的歲月。」

我：「你現在回來洗頭，跟七年前相比，有什麼不一樣的感覺？」

她：「現在心比較安定，比較不會胡思亂想。」

我：「為什麼？」

她：「可能是以前太年輕了，只想玩樂，不想辛苦工作。現在知道能擁有一技之長才是最重要的資產，願意重新學習。我現在都二十五歲了，再努力幾年，希望有朝一日可以當設計師，但是這樣會不會太晚？」

我：「只要找到方向，願意前進，什麼時候都不嫌晚。何況才二十五歲，你青春無敵啊！」

我笑了，她也笑了。

我很為她高興，我跟她說那七年絕對沒有白費，凡走過必留下痕跡，走過了、經歷了、學會了、長大了、成熟了，就是一種成長。雖然我們表面上看不到有什麼功成名就，就以為自己浪費了青春，但這些心路歷程的改變才是最寶貴的禮物，是用時間換來的，是歷經滄桑後的領悟，是真正成熟後才懂的道理。若無深刻的體會，心態難以改變，這才是人生最重要的學習與成長。

心態改變了，後面的道路怎麼走，心裡有底、氣就順了，心定了、方向就清楚了，知道自己為什麼奮戰，一步一腳印迎向目標，距離目的地就不遠了。我已經可以想像她未來成為設計師的模樣。

她聽了很受到鼓舞，因為她看到同期的同事在原本的崗位上奮戰了幾年，現在已是助理設計師，難免覺得自己虛度了光陰，趕不上別人，怨嘆那七年的時間是浪費了。但人生就像馬拉松賽跑，有的人前面跑得快，卻後繼無力，有的人前面慢慢跑，後面開始衝刺。快慢不是問題，每個人都有自己的步伐和節奏，調適成自己最舒服的方式，心無旁鶩，鎖定目標往前邁進，才是最重要的心態；別人走得快，你得走得遠。

抉擇最怕的就是猶豫不定，不知自己要什麼，選擇了A又覺得B也不錯。到最後，不管是選了A或B都後悔，因為你從不確定自己為什麼要，所以沒有全力以赴。不知道自己要什麼，才是真正蹉跎歲月、浪費時間。

這位助理一開始或許因為年輕，不知道自己想要什麼，所以嘗試了許多工作。但這一趟流浪之旅下來，她清楚了自己要什麼，願意從頭開始，這才是最難能可貴的心態，也是她將會大幅成長的開始。

人生走過的旅程都不會白費，都是讓我們成為今日之我的養分，但趁早確認方向才能安定一顆浮躁的心，到達我們想去的遠方。

2

老鳥高飛

你在不好意思什麼？

女人要在職場上展現專業，必須先戰勝自己的害羞與害怕，拿回話語權，做自己的主人，才能感染他人。

Jenny 紅著眼睛跟我說，她在公司努力了三年，每天兢兢業業，做的比別人多，同事的請託她也盡量配合，以為這一切老闆都看在眼裡，沒想到這次升遷的，竟然是比她晚進公司的 Mike。

我（好奇）：「Mike 有什麼優勢，或哪裡表現得很好，讓老闆欣賞他？」

Jenny（不平）：「他就是喜歡表現嘛！會議上他老喜歡舉手提問、表達意見。每次有什麼新任務他也都舉手要參與，主管出門他都會打理得很好，準備電腦和簡報筆，還幫老闆開車門，反正就是會拍馬屁。」

我：「那你為什麼不做這些？」

Jenny：「我才不要呢！幹嘛那麼多意見，到時候別人說我愛出鋒頭。老闆又沒叫我準備資料，我幹嘛那麼雞婆。」

我：「若有新任務時，你想不想加入？」

Jenny：「想。」

我：「那為什麼不說？」

Jenny：「我不好意思爭取。」

我（笑）：「我要是老闆也會喜歡 Mike 這樣的下屬。」Jenny 聽完愣了一下。

很多女人的罩門在於觀念和心態，由於傳統的制約，她們不敢在職場上表現得主動、積極，害怕被說成愛出鋒頭、強勢，於是刻意壓抑自己，眼睜睜看著大好機會被男人搶走，卻又私底下感慨自己在職場上戰戰兢兢，默默打拚，毫無懈怠，卻總得不到升遷機會，抱怨每次升遷的都是男人。

但是我不免質疑，為什麼真的機會來了，女人們卻又客氣地不敢爭取。相反的，男人在這方面絕不會客氣，充分表現出捨我其誰的氣勢，而女人總是自願當支援、幕後的角色，自己不願意上臺表演，卻又要怪鎂光燈打在別人身上，這不是自相矛盾嗎？

女人要在職場上爭取平權，就必須先打破自我矮化的罩門。女人從小被教導以和為貴、低調順從，不要鋒芒外露，這些到了職場都會被扣分。現在職場競爭激烈，組織中很多人的能力相去不遠，最後誰能勝出，就是看誰能在關鍵時刻讓自己被看見。機會來了，就一定要爭取上臺，否則「不好意思」的結果就是只能看別人發光發熱，自己只有在臺下拍手的分。

不只如此，很多女人甚至在會議時因為怕說錯話，不好意思開口發表意見。因為怕主管不開心，也不好意思準時下班。加薪升遷時沒有她，更不好意思去問主管為什麼，怕主管覺得自己太自不量力。別人塞給她不屬於她的差事，也無奈接受，不敢說不，怕壞了關係。由於這個不好意思的心態，凡事委屈自己、勉強自己，最糟的是自己不快樂，別人又不會感謝或珍惜。

若要爭取機會又要避免太高調的話，就必須找尋恰當時機，合情合理，用實力去爭取，盡量避免在公眾場合與主管爭論或自我吹噓，譬如有挑戰的任務，別人不想做，主管詢問有誰願意，此時可以舉手試試看，爭取機會，倘若表現良好，會給人留下願意承擔責任的印象。

又若大家都想要這個機會，有很多人爭取，你可以用實力及過去成績當籌碼，私下找主管討論。這次不行就等下次機會，至少在主管心中留下有企圖心的印象。前陣子很紅的大陸連續劇《延禧攻略》中，女主角魏瓔珞就是勇於爭取又知分寸的聰明女子，或許可參考她的作為，看如何在複雜紛擾的職場中，適時的展現自己。

我其實就是從「不好意思」的狀態中徹底解脫出來的範例。小時候我很害羞，生病時很會忍痛，以為這樣才勇敢。被同學欺負，也忍著不說，怕爸媽擔心。課堂上不敢舉手回答明明會的答案，眼睜睜看同學回答，卻又懊惱不已。長大後花錢上餐廳，即使服務不好也概括承受。這種不好意思打擾人的心態，讓我活得很壓抑。

我是在當主管後，歷經公關行業的磨練，才慢慢改正了這種個性。行銷工作最重要的就是溝通、說服，要當主管得帶領方向，意志堅定，大聲說出自己的信念和想法，服眾才能成事。我因為當了主管，才開始學習領導、學習做決定，硬著頭皮上臺簡報，慢慢磨練出可以勇敢說出心裡想法的能力，也才能誠實面對自己的弱點。原來這些缺點是可以經由練習和改變思維來突破。

女人要在職場上展現專業，必須先戰勝自己的害羞與害怕，拿回話語權，做自己的主人，尤其當了主管要具有這樣的勇氣，闡述自己的觀點和理念，才能感染他人，吸引理念相同的人一起奮鬥。

我很感激職場的訓練，它讓我學習放掉不好意思的心態，學習說出自己的想法，任何事只要是對的就勇敢說出來。倘若Jenny也舉手爭取新任務，學習在會議表達自己的意見，或許接下來事情的發展就會變得不一樣了。

別怕跟比你優秀的人一起工作

不要害怕別人超越我們，我們應該害怕的是自己沒有擠進優秀人才之中，失去「站在巨人肩上看事情」的機會。

知名的企業高階管理人跟我分享他求學階段的經驗，他一直名列前茅，總以為自己很厲害。直到他參加了一項全國競賽，只獲得普通成績，讓他非常震驚，發現人外有人、天外有天。他說：「是我們自己看不到、沒碰過，才會以為別人跟我們一樣。等到跟真正的高手過招，才猛然發現我們離高手的層次還差一大截。」

後來他大學重考，終於進了心中的理想學府，發現班上有幾位同學又會念書又會玩，是各項才藝高手，玩社團也玩得有聲有色，他十分欣賞，於是靠近這些優秀同學近身學習，暗中相互較勁，刺激自己不斷進步。他跟我說，今天他會有這樣的成就，是小時候受到刺激，一直期許自己也要變成優秀的人。

可是很多人以為，跟優秀的人一起工作一定很有壓力，反而顯出自己的愚蠢，倒不如跟普通人一起工作還比較輕鬆。問題是，輕鬆並不能帶領你成長，反而是有挑戰、困難的事才會激發你的鬥志和潛力。同樣的，跟優秀的人一起工作會將你拉到一個高度，學習到有效率的工作方式，讓你遇見更有深度的思考、更廣闊的視野、以及更厲害的策略。普通人是無法給你這些的。這與管理學上說「要站在巨人的肩上看事情」是一樣的道理。

奧美廣告公司創辦人大衛・奧格威（David Ogilvy）說過：「要聘雇比你更優秀的人，才會變成偉大的公司。倘若你聘雇比你弱小的人，就會變成一家侏儒公司。」同樣的，你若是主管，就要找優秀的隊友才會使團隊變強大。假如你是一般員工，也要找尋機會與比你優秀的人一起共事，才能讓你更上層樓。

也有人憂心優秀的人不願意跟較弱的人一起工作，其實真正優秀的人謙沖為懷，不會因此排擠較弱的團員，反而會將其視為夥伴之一，盡量予以支持和指點。若有這機會，趕快近身學習，吸取養分。必要時，可以不計酬勞從小助理做起，仔細觀察、學習優秀的人如何工作、如何思考。倘若真的碰到心胸狹隘處處刁難的人，就算他能力再強，也絕不是真正優秀的人，不值得跟隨。

倒是自己與優秀的人一起工作，也要調整好心態，尤其是年紀相仿的容易有妒忌之心，當心裡有這樣的感覺出現時，要能及時察覺，然後反問自己為什麼會這樣？你之所以會妒忌是不是他的確有比你強的地方？是哪些地方？值不值得你學習？如果有一天你也具備這樣的能力，你會怎樣？這樣想之後，你會用比較客觀的角度去看待他，然後趕快觀察、學習這種人的工作方式、時間管理模式，以及如何思考、如何表達。相信光有這些想法，就可以讓你進步不少。

優秀的人會用聰明的方式做事，他們受不了沒有效率的工作模式，所以善於利用時間；他們思慮清楚、邏輯分明、執行力強，會用速度和效率引領團隊到達目標。跟著他們一起工作，無形中會眼界大開，效率提升，潛力會被激發出來。養成習慣後，我們不知不覺也會變成用這種方式工作的人，躋身有效率的團隊。

我自己碰過相同的經歷。當年我的公司要接受跨國集團併購時，有些員工非常排斥，怕會被當二等公民。但真正加入後，我自己學到最多的，就是與一流的高手合作，他們著實讓我上了一課，從思考、知識分享、開會的方式、時間的調配、追求品質的堅持等等，在開會辯論過程中，我受到相當大的衝擊，才明白為什麼他們可以那麼優秀，因為從思考一開始就目標明確，非常聚焦，我在無形中也被逼著不斷的成長，雖然壓力大，但是成長的愉悅勝過一切。

在與高人交手的過程，我發現最重要的是不恥下問，問流程、問他們為何如此思考、問他們想達到什麼目標，還有沒有更好的方案，高手通常也喜歡接受挑戰，所以願意和懂得發問的人分享。跟他們做事最好不要悶著頭，因為他們通常很忙、很聚焦，不會特別主動去關心別人的進度，但當你拖累團隊進度時，他們會不解。所以懂得發問，從他們身上挖寶、學習是很重要的事。

不要害怕別人超越我們，我們應該害怕的是自己沒有擠進優秀人才之中，使自己失去學習及成長的機會。

人情世故就是說話藝術

何謂人情世故？就是不在大馬路上罵人，卻在小巷子裡讚美人。

什麼叫人情世故？就是在最細微之處顧慮到對方的感受。

有一位出版社的企畫私訊給我，「請問丁老師願意接受我們贈送一本剛出版的新書嗎？如果願意接受，可否看完後在你的臉書上幫我們宣傳這本書？」不知道為什麼，我看完這封信後，心裡覺得怪怪的，因為我連書都還沒收到就跟我談條件。於是我回信說：「我不喜歡有壓力，如果你對我有期待的話，請恕我婉謝。」

書我可以自己買，讀完之後有感覺我也會主動發文推薦，自由意志沒有任何壓力，那是真心的。可是我若接受他的餽贈，也等於接受了附帶條件，就算看完後覺得不錯而推薦，自己可能還心存疑慮會不會是人情壓力。這樣的輕禮物還要在事前詢問當事人的意願才決定送與不送，那就更敬謝不敏了。

收禮物當然也要看貴重與否，在商場上，太貴重的禮物可能是對方期待著對價關係，不能隨便亂收。但若是交易行為就要說明白，現在很多品牌找名人或部落客做置入式行銷，會問對方願不願意接受這樣的贈品並做商業推薦，像手機、3C之類貴重的產品，可以先試用後，再決定接不接受，接受了就算是商業行為。最好有合約說清楚、講明白，受贈者寫推薦文時，也最好讓讀者知道這是試用或廣告宣傳，否則便違背了讀者的信任。

但若是像書籍這樣禮輕人意重的東西，重在送禮人的心意，就不須再給人任何負擔。就在同一天，我收到另一家出版社寄來的信封袋，就放在我的辦公桌前面，打開一看，編輯附上了一封信，寫著：「丁老師，這是我們剛出版的新書，我覺得非常適合您閱讀，希望您會喜歡，預祝閱讀愉快，若喜歡也歡迎您發文分享。謝謝。」看完之後，我會心一笑，如沐春風，心裡頓時為這家出版社及編輯加分不少，心想我閱讀完畢倘若欣賞這本書的話，一定會為文推薦。你看，同樣一件事，兩種說話方式，讓人的感受天差地別。

職場上做人的「眉角」很難教，的確，多一句話、少一句話，給人的感受也大大不同。問題是什麼時候該多說一句、什麼時候該少說一句，那就是藝術。欠人家人情，感激的話要多說一點。別人的苦處、痛處少說一句，朋友會感激你。

我以前有位客戶，現在退休了，偶爾社交聚會碰到，我在介紹他時都會多說一句：「我要特別謝謝××，他是我的貴人，當年若沒有他拉我們一把，我可能就沒有今天。」講完之後，鎂光燈就會在他身上，大家都對他投以尊敬的眼神，我相信這樣講會讓他非常有面子。

另一個例子讓我印象深刻，有位企業界朋友John在一個朋友群組裡發文讚揚組內一位旅行社的業務人員，感謝他讓他們家人在機位最緊張的連假時刻搶到機票，且行程順利圓滿，全家都非常開心，John 隨後還發來一張全家旅遊照片。我突然明白其中關鍵，就是群組中的另一位朋友 Ben 是這家旅行社的老闆，他這句話不僅讚美了 Ben 的下屬，也讓 Ben 臉上有光，但他事後卻私訊 Ben，跟他說了一些可以讓服務更好的細節建議，Ben 對此倍感窩心。

何謂人情世故？就是在公開場合讚美你，在無人處糾正你，真心為你好。在江湖上行走，大家都要面子。面子有時勝過金錢獎勵，面子讓人走路有風、讓人抬頭挺胸、讓人覺得有尊嚴。所以張揚別人的好，要在重要場合、重要時刻，而且不經意地說出。反之，當要斥責一個人的錯誤讓他變好時，必須顧全他的面子，私下點醒、糾正他，讓他自己想要變得更好。偏偏很多人反其道而行，利用權勢或職位，公開指責犯錯的人來彰顯自己的地位，這就叫不尊重人。

對基層員工而言，最重要的就是要讓老闆看見。因為你說了一句話，而讓老闆有機會看見這位員工，你想想，這位員工會多麼感激你在適當時刻說關鍵的話。最重要的是，你讚美了下屬，也順便讚美了這位老闆，因為你暗示大家，能教導出這麼出色的下屬，必是位成功的領導者。這樣的舉動展現了智慧，真正的人情世故就在這些細微的言詞與舉動中，讓賓主盡歡。

以前有位客戶總會在案子結束後寫信讚美我的團隊並寄副本給我，解釋誰做了什麼、幫忙了什麼，讓團隊都感到非常窩心。客戶知道我會用這封信在公司大會上公開表揚團隊，激發團隊的士氣，更努力表現以回饋客戶，像這位客戶窩心的做法，締造了我們兩方的雙贏。

人情世故就是千萬不要在大馬路上罵人，卻在小巷子裡讚美人。

創意要做了才值錢

沒有行動之前，創意都是空想。還沒踏出第一步之前，創意永遠不值錢。

創業的夢很美，很多人工作一段時間後，不滿意原本工作的束縛性，就嚮往當個創業家實現夢想，其實這是很棒的企圖，但也不要太過天真。

我之前遇到阿明這個年輕人，他想創業開潮餐廳，拿了一份企畫案跑來問我對創業的想法，深談之後，我才知道他希望用這份企畫案來說服投資人出錢，讓他完成夢想。

我問他準備了多少資金奮力一搏，阿明愣了一下說，就是沒錢才希望用創意來換取投資人的錢。

我好奇的問他，就算有人投資，但他無法擁有股權，那麼他來經營充其量不過是領薪水的專業經理人，根本算不上創業。阿明回答我，他可以用這企畫案換取一些乾股，我再問，他的企畫案想換取多少乾股，他說，最好是百分之五十，因為未來公司經營的know-how在他手上。但我檢視他的企畫案，其中並無不可取代的技術或專利，從頭到尾只是擁有開一家潮餐廳地點和布置的想法。於是我更好奇的問，有找到願意投資的人嗎？他表示談過幾個都說有興趣，但都希望他先執行一陣子再說，所以他才來請教我，要如何說服投資人。其實說到這裡，我早已知道他的問題了。

的確，這幾年創新創業的浪潮一波又一波，愈來愈多的年輕人選擇創業這條路，奮力一搏，完成自己的夢想，說來是件好事。但千萬別不切實際，認為只要有創意，自然會有天使投資人出錢供你完成夢想，等到夢想完成後，天使自然也得到了財務的回饋。聽起來邏輯都對，但在還沒踏出第一步之前，創意永遠不值錢。

我看完阿明的營運計畫書，很直接的告訴他，創意在沒有行動之前都是空想，根本不值錢。他非常不能接受，跟我辯論國外只要憑一份BP（business plan，商業計畫書）就可以得到一筆不小的融資，為什麼臺灣不行？我回答這跟哪個國家無關，而是看你的企畫案到不到位，還有如何證明可以成功。決心強的人遇到困境還是想盡辦法往前，所以我希望阿明願意嘗試踏出第一步，起個頭證明自己的想法是可行的，做一陣子可能就會吸引到欣賞他的投資人。

那些憑一份BP就募資成功的，多半也是創業者之前有過成功的經驗，讓投資人對他有信心，或是創業者已經付出一段時間，做出部分商品，頭先洗下去，證明自己是認真的，是孤注一擲的。

年輕創業潮正夯，在創業圈中經常聽到的都是天使輪、A輪、B輪融了多少錢，以至於有些創業者以為拿到資金才是生存法則，殊不知獲利能力才是企業真正的生存之道，拿到投資人的錢才是責任的開始。

創意可以很值錢，也可以不值錢，要看是否能做到。

準備好追夢成本再行動

我鼓勵追夢，但最重要的是你願不願意為夢想付出代價，而這個代價是事先想清楚、準備好的，不是衝動、任性的。

一位讀者寫信問我，說現在的工作薪水不錯又很穩定，但他心裡有其他更有興趣的事想做，又怕貿然辭職失去了穩定收入，問我如何才能踏出勇敢的一步去追夢。

這的確是兩難問題，雖然我大可以說順著你心裡的聲音，勇敢去追夢。但畢竟每個人的背景和經濟壓力不同，我不能這麼不負責任隨意回答，還是得評估當事人的實際狀況再決定，因為追夢是要付出代價的，且因人而異，答案不能只有一個。

假如你還年輕，三十歲以下，我當然鼓勵你勇敢去做自己想做的事，年輕就是本錢，要是有所損失，對生活的影響相對較少。可是若你已經工作一段時間有些基礎，或結了婚有小孩，需要養家活口，手頭存款不多，工作本身也沒什麼不好，辭掉工作所要付出的代價相對就高。加上若是一味不管其他因素去追夢，過程可能會帶給家人很大的壓力，那麼從現實考量還真的是要三思。

想辭掉工作卻又捨不得手上穩定的薪水，這是很多人猶豫不決的原因。雖然我一直認為讓工作及人生停滯在「食之無味，棄之可惜」的狀態是最浪費生命的行為，但倘若實現夢想所付出的代價相對高時，還是要考量自己的能力及可承擔的風險。

像是藝人、運動選手、YouTuber 或 show girl 這類工作，最主要的考量不是資金，而是能投入多少時間和自己的專業能力及個性適不適合。愈是與表演天分有關的行業，個人特色和實力愈是重要，尤其這些領域中，都只能容納頂尖的個人或選手，其他加入者大都只能圖個溫飽。因此，雖然走這些路的資本門檻不高，但成功者不多，一定要設停損點。也就是你打算花多少時間證明自己，萬一時間過了，是要堅持，還是要轉業。

堅持下去的話，有沒有能力獨立生活和養家？轉業的話，有沒有第二專長？這些都要想清楚。我聽過一種說法，覺得還挺有道理的，就是把第二興趣當工作，把第一興趣當永遠的興趣，這樣便能將你的最愛維持在某個熱情的程度上，否則當第一興趣成為工作後，恐怕最愛再也不是最愛了。所以，每個人還是要培養兩個以上的興趣，才能讓人生的選擇性更廣。

我的意思並非要你放棄夢想，不再追夢，而是準備好存糧再採取行動。若你已經工作一段時間，那麼準備至少半年的薪水當追夢的備援資金，也就是把自己的薪水乘以六倍，譬如月薪五萬，至少要有三十萬存款再行動。這些存款可以讓你半年都沒收入也不會影響生計和心情，這六個月薪水就是你的備援生活費。

如果你的夢想是創業，最好準備好兩項資金的總和再行動，壓力比較小。若 A 是創業資金，B 是六個月的生活費，那麼至少要準備 A＋B 的總和資金再去追夢，這樣會讓你比較從容不迫。

創業投資本來就不可能短期回收，一旦失敗更可能全數歸零，因此備援生活費若能有六個月的存糧，至少可以保障這六個月你能專注勇敢的追夢，不會壓迫到生活，或給家庭帶來太大壓力，這是負責的表現，夢想絕對要有計畫，不是浪漫的想法而已。

我記得自己當年要出來創業前，也面臨同樣的狀況，工作了十年很穩定，薪水很高，捨不得放棄，可是心裡又有夢，衡量之下很難做決定，但是我給自己一個目標，除了創業的成本四十萬，另外又存足了六個月薪水才開始行動。我那時候心裡想，六個月時間足以讓我知道該不該繼續走下去，如果失敗，我會心甘情願回去當上班族，至少我為了夢想出發過、努力過，心裡不會有遺憾。設好停損點之後，就比較容易做決定了。

有時候，人要有「置之死地而後生」的勇氣，但有時候也要有「三思而後行」的沉穩，這中間的智慧就是你要能分辨自己處於什麼樣的階段，可以承受的風險有多大。

基本上，我還是鼓勵人們去追夢，但最重要的是你願不願意為夢想付出代價，而這個代價是事先想清楚、準備好的，不是衝動、任性的。

不斷走出舒適圈

當你對事務駕輕就熟，覺得工作沒有任何挑戰、漸漸喪失熱情，可能就是走入了舒適圈。如果還是一成不變，可能就會被淘汰。

當你工作一段時間之後，發現很多事務就是同樣的流程，沒有太多挑戰就能完成。你處在一個熟悉又安心的環境，你知道同事、主管的習慣，你懂得用最安全的方式與他們相處，你在這個安樂窩的狀態中，感到十分平穩。這時你可能要意識到，你處在舒適圈太久了。

舒適圈誰都喜歡，它讓你熟悉、安心；當你需要休息療養時，它像一個保溫箱，讓你很舒服放心的在裡面休養，但是待太久，就會讓你失去獨立的能力。一旦你休息夠了，還是得走出去接觸新世界，讓自己得到成長的養分。舒適圈就像保溫箱，可以暫時待著，不能長期停留。

當你對事務駕輕就熟，覺得工作沒有任何挑戰、漸漸喪失熱情，可能就是走入了舒適圈。舒適圈之所以舒服，是因為穩定安逸，無須改變，一切皆如預期，沒有意外，但問題是外界的環境一直在改變、一直在前進，沒有人會等你，如果你還是一成不變的話，可能就會被淘汰了。

在職場上，我有好幾次走出人人稱羨的舒適圈的經驗，事實告訴我，改變不見得會更好，但不改變會更糟。我的頭腦好像有一根天線，只要開始覺得工作太舒服，反而會出現危機感，告訴我該改變了，也許去挑戰更艱難的專案，也許是換個職務、試試新的領域，也可能開創另一個新局。或許正因為這種不怕改變的心態，我才有機會從一名業務助理走上創業的過程，開創自己想要的人生。

我從一個被大家視為沒有專業的中文系畢業，踏入科技公司，從業務助理做起，一直打破自己原有的舒適圈，在公司內部轉調過不同工作，包括展示中心小姐、電腦講師、行銷企畫、廣告文案，到公關企畫，每次這些工作都是公司內部有新職務釋出時，我就勇敢去爭取。這個摸索的過程就是希望找到自己喜歡和嚮往的工作，最後，終於在公關企畫這一塊確認自己的方向，於是在這個領域上耕耘，發揮自己的潛力。

所謂走出舒適圈並非一定要換工作或離開既有的公司，像在既有的組織裡尋找新機會，或爭取新任務，也算是給自己一點挑戰性的練習，拒絕一成不變。讓自己習慣改變，具備接受新事物的能力。這樣不僅可以保持自己的競爭力，也能給人積極、活力、創新的形象。總之，讓自己處於動態之中，可以隨時調整步伐，迎接挑戰，應變危機。

我也在三十歲時就任上市科技公司國際行銷處經理，這在當年也是人人歆羨的工作，我卻在兩年後因為公司即將上市，已完成階段性任務而離職。因為覺得那時候日子已經太舒服沒有挑戰性、學不到新事物，所以選擇再次離開舒適圈，走向創業之路。

創業後，果然有很多挑戰，但也因此學到更多，創業過程激發我燃燒熱情、全力以赴，後來公司與跨國集團併購，我開始學習當個稱職的專業經理人，我的經營管理視野因而更上層樓，與跨國高手切磋著實讓自己的能力推升了一大步。

當了幾年董事長之後，我的毛病又犯了，發現日子開始太舒服了，於是毅然離開自己創辦的公司，將自己歸零，轉而嘗試「第三人生」，用寫作、演講、教書、當創業導師等方式來發揮自己，除了鼓勵年輕人成長和創新之外，也探討自己沒有頭銜後，人生的其他可能性。

當然，像我這樣「不安於室」的人走出舒適圈似乎比較容易，因為心裡本來就有一顆不安定的靈魂。可能有些人會問，那我就是喜歡安定，不喜歡變化，只想待在舒適圈不行嗎？當然這是每個人的選擇，但想待在舒適圈的人就得接受比較一成不變的人生，不要去羨慕別人多采多姿的世界。但怕的是，舒適圈並不保證永遠舒適安全，當危機來臨時，常常令人措手不及，還來不及回應就被判出局。當經濟不景氣時，組織會裁撤的人員，都是喜歡待在舒適圈、不愛改變的人。所以有時候環境的改變會不會衝擊到自己，並非自己可以控制，我們反倒要訓練自己的應變能力，才能渡過難關。

不斷走出舒適圈去嘗試自己的各種可能性，一直是因為我對人生總是充滿好奇心。我還在人生的道路上冒險著，我相信，生命給我的回饋絕對都十分值得。

離職的四要和四不要

好好的離職是一種道德。
好聚好散，不出惡言，讓現在的主管或公司成為我們的貴人。

現在網路資訊只教導年輕人如何面試、如何獲得職場的入場券，卻鮮少教他們如何離職。很多年輕人以為只要老子不爽，遞辭呈就行了，誰叫主管這麼機車，工作這麼辛苦，反正此處不留爺，自有留爺處，對於工作，他們來去自如。殊不知，離職的程序和面試一樣重要；面試只是影響這份工作，離職好不好卻會影響下一份工作。

俗話說得好「相愛容易，分手難」，這句話不僅適用於情人間，在職場與公司的關係上，也同樣適切。就因為如此，離職的處理方式是否恰當，是未來能否再回鍋的重要關鍵。

離職前的幾個重點要特別注意，譬如：是否負責任的交接清楚？是否遵守公司的離職程序？是否守口如瓶等公司公布，還是事先就放話？是否嚴守分際不帶走公司文件以利下一份工作？是否在社群媒體上亂抱怨公司？是否欺騙公司跑到競爭對手公司任職？事實上，如何在職場上好聚好散，與原公司保持良好關係，以及在大家的祝福下離開，是一門重要的職場關係學。

現在愈來愈多公司會向應徵者的前公司做當事人的資歷查核（reference check），通常前主管或人事部門都是確認的對象，他們的意見都會成為當事人錄取與否的重要依據，並列為紀錄。因此，與老東家維持良好關係非常重要，老東家的資源也可能成為我們日後職場上很大的助力。因此，我們何不為自己的離職安排一場「快樂結局」，讓現在的主管或公司成為日後的貴人呢？

我建議離職的人最好做到以下四幾件事：

- 事先與主管溝通，得到他們的諒解之後再提出離職申請。
- 遵守公司規定，在期限之前提出離職申請，好讓公司能做準備。
- 做好交接程序。
- 在公開場合中感謝公司和主管的栽培和照顧。

通常我會對那些表現優秀、離職時真誠溝通的人，給與最大的祝福，並對他們說「早去早回」。不論他們未來會不會再回鍋，但是雙方都維繫著美好印象，雖然誰也不知道未來會如何，但總之會是個善緣。

偏偏有些人可能無知，可能沒經驗，沒有將離職的程序處理得很好，與老東家的關係變成「相見不如懷念」。下列是四種不好的離職狀況，會給公司留下不良印象。

- 有些到職沒幾個月的新人，工作遇到挫折卻不知道如何處理，就乾脆「落跑」以解壓力，發一封郵件告知離職，表明自己明天不再進公司了。這種人讓公司及主管都非常錯愕，只能依法行事，發函通知盡快回來完成交接程序。
- 有一種人平常表現還好，但離開前卻對工作失去熱情，馬馬虎虎，急著走人的心態表露無遺，完全不顧公司找人交接的程序及離職期限，就算勉強留下來，不但貢獻度有限，也心不在焉，阻礙團隊的向心力。
- 跳槽到競爭對手那裡去的人，不敢明講，只好胡謅個理由說生病了或出國念書，但圈子很小，紙終究包不住火，遲早消息還是傳回來。
- 最惡劣的人是離職後，還回頭竊取老東家智慧財產或挖角，或散播破壞老東家及前主管名譽的言論，做出不利老東家的行為，這種人最令主管氣憤與傷心，不僅喪失職業道德，對企業的危害也最大，縱使能力再高也不能雇用。

上述四種情況的離職者都是不懂職場關係學的人，未來要再合作的可能性也就微乎其微。有時候，我觀察一些員工也沒什麼心眼，就是遇到事情沒有勇氣面對，或是不懂得人情世故而造成一些遺憾，這些遺憾也將會在他們的職涯中，減少一些貴人相助的機會，實在是可惜。

好好的離職是一種道德，只要進入企業就要按照公司的規章離職，說明原因、確切交接無誤，對公司的教誨與栽培心存感激（就算是碰到惡主管，也謝謝他給的歷練）。如此一來，相信同事都會幫你好好辦一個溫馨的餞別會，讓你在祝福聲與不捨的眼神中離去，未來還有回鍋或合作的可能性，這才是最聰明的職場EQ。

至於什麼時候該離職，雖然每個人的狀況和抗壓性不一樣，但我認為只有兩種狀況最應該考慮。一是沒有學習成長的空間，也沒有發展的遠景，工作一成不變，已成照表操課，這時就要有所警惕，跟主管商量承接一些具挑戰性的工作，或考慮轉職。另外就是公司的企業文化不佳，譬如謠言八卦滿天飛，天天搞辦公室政治，或是一些不合理的要求，違反法律或道德，可能嚴重影響到員工身心靈，這時一定要考慮離職。

其他若只是覺得倦怠或找不到熱情等比較情緒性的原因，應該要好好檢視事情的根源，而非輕易遞辭呈。初入職場三年內頻換工作，企業或許可以諒解這是年輕人尋找理想工作的過程，但三年後的離職率最好別太高，免得被視為不穩定的人。

總之，離職和就職一樣重要。聰明的人要懂得分手的藝術，好聚好散，不出惡言。

新手主管易犯的錯誤

管理是理性與感性的結合。做事要堅定、做人要柔軟、方向要抓準，激勵人心更是重要。

上班族工作了一段期間後，大多數人都希望可以升到管理職，一旦升上去了，就想快速建立威信，急著讓大家看見自己的管理能力，所謂「新官上任三把火」。但往往吃緊弄破碗，事倍功半，搞得自己累死還不被感恩，甚至裡外不是人，這到底是怎麼回事？我發現新手主管最容易犯的錯誤有下列四種：

1 **親力親為。**一方面是急著展現自己的能力，趕快找機會證明自己是能幹的，一旦有發揮的空間自然是當仁不讓，讓下屬看看我的厲害，以彰顯自己能當上主管是理所當然的。另一方面是對他人不放心，因為還沒建立團隊共識，也不知道該將任務交給誰處理，索性自己做比較可靠，免得被搞砸，壞了一世英名。這樣的後果很容易造成下屬沒有責任感，把差事全丟給主管，反正你厲害讓你做就好了。

2 **討好下屬，不敢要求。**為了博得下屬的好感和配合度，一開始不好意思下馬威，也不好要求太多，所以就盡量討好他們，讓他們覺得舒服。下屬有所求就盡量滿足，就怕糾正或勸說團隊不配合丟面子。久了之後，這種人很容易變成濫好人，下屬也無法成長。

3 **不夠自信。**因為初當主管，很介意別人的看法和輿論，所以處處謙虛以待，但難免給人不夠自信的感覺。一位網友來信問，他在第一次部門會議上跟大家鞠躬說：「我是新手主管，沒有太多經驗，請多多指教。」沒想到被上司叫到辦公室念了一頓，他一頭霧水，覺得很冤枉，心想謙虛不是應該的嗎？我知道他的上司力排眾議推舉他升遷，當然希望得到團隊認可，期待他展現適度的自信和能力，來證明上司的眼光是對的，可不會希望他這麼卑躬屈膝的告訴大家「我沒經驗請多指教」！

4 **死不認錯**。很多新手主管很怕被看穿內在的不足，所以就算不懂或沒有答案，也一定要ㄍㄧㄥ住，即使做錯決定，也硬著頭皮錯到底，絕不認錯，以便樹立權威。這種人很容易變成剛愎自用的主管，聽不到真正的聲音。

新手主管大都是工作能力不錯才被升任，但個人能力強不代表管理能力也強。這時候，你的績效評估已經不是自己的做事能力，而是團隊的整體表現，此時最重要的是放下自己、著眼團隊，開始學習下列三件事：

1 **瞭解團隊成員特性**。先不要急著做事，花點時間瞭解團隊成員的特性、優缺點，思考如何整合、如何溝通，讓團隊凝聚共識、相互合作才能事半功倍。

2 **分配工作。**有效的分配工作是一項最初階，也最重要的管理手段。分配得當，讓對的人做他最擅長的事，就能讓團隊適才適所、各司其職、發揮戰力。

3 **承上啟下。**擔任主管職有個很重要的任務是承上啟下，是公司政策及任務下達到基層員工的重要橋梁，此時的心態也要改變，要從單純的勞方心態，開始培養資方的概念，大方向要站在公司立場思考，要轉換語言幫助下屬瞭解和接受。員工對公司的誤解要幫助公司溝通，但員工該有的福利或待遇也要向公司據理力爭。

雖然主管有夾心餅乾的苦楚，但是每位主管都是從沒有管理經驗開始學習，只要切記開放心胸，學習聆聽下屬意見，做好溝通，方可留住優秀人才。管理絕對是理性與感性的結合，做事要堅定、做人要柔軟、方向要抓準，激勵人心更是重要。

我遇過一位隔壁部門的主管，對下屬的要求極為嚴格，該做的細節一點也不馬虎，文件寫錯字他二話不說馬上退件，他說自己不是校稿機，要求的期限也不能找藉口拖延，除非生病住院。他要求下屬每個月至少看一本商業書，輪流在月會上報告分享，會議中逼每個人提問。他的團隊被稱為鐵血部隊，在他下面做事的人都養成了嚴謹的性格，絕不馬虎，強將手下無弱兵。但相對的，他對下屬也極為照顧，該加薪該升官的，只要表現好，他都極力為下屬爭取，所以沒有一位員工討厭他，反而離開的人都說他是他們遇到的最好主管，因為從他身上學到最多。這就是我說的，管理，就是把事做對、把人帶好。

管理絕不是只有討好下屬或分派工作而已，還要讓下屬有努力的目標，有學習成長的機會。我常警惕自己，做為領導人，我的天花板就是公司的天花板，唯有自己不斷的學習成長，組織才有希望。

好的管理者，將其管理經驗運用到家庭、生活和人際關係都十分受用，因為好的管理者一定懂得時間管理、自律、具同理心，光這些就足以讓我們在做人處事上受益、圓融許多。我自己本身就曾將管理上的一些概念運用在小孩教養上，發現幫助很大。

譬如每天與他們一起設一點挑戰和小目標，達成後給他們想要的小小激勵，效果非常好。還有，用簡單的時間表格讓他們填上「想做的事」和「必要的事」，然後做完一件「必要的事」才能做一件「想做的事」；慢慢養成他們時間管理的概念和去做必要的事的動力。像這些小小的方法，都是學習管理之後帶給我的啟發。

學習管理，絕對是人生的一門好投資。

做人重要或做事重要？

能夠打開胸襟、提拔後進、傳承好的價值觀和做事方法，才是主管最大的價值。

有天，踏入職場才一年的阿亮氣餒的這樣跟我抱怨。

阿亮：「做人好難喔！」

我：「怎麼了？」

阿亮：「隔壁部門主管說我負責的專案怎麼沒跟他 update（更新），因為這個專案跟他有關，但是我老闆有交代不需要跟隔壁主管報告。那我怎麼辦？說還是不說？」

工作上到底做人重要還是做事重要？很多人都認為做人比較困難，卻比較重要，因此初入職場就想要學做人，卻經常事倍功半。我認為不同年紀和職位所要專注的先後順序不一樣，如此才能循序漸進學到職場心法。

剛出社會時，應該八成做事、二成做人。升遷成中階主管時，就應該做事、做人各半。成了高階主管時，大部分時間都在管理人，只要花一點力氣做事即可，因為舞臺要讓給年輕人表現，所以八成做人、二成做事。

最主要的是，新人在職場還沒建立自己的專業前，若太專注在人際關係上，難免會有「耍小聰明」和「太有心機」的疑慮。倒不如把力氣放在做事上，把自己分內的事做好，建立專業，得到別人的肯定，再學習溝通協調的能力，別人也比較會把你當回事。

但當了高階主管後，就要反過來，把多數時間放在「人」身上。不要小看做人的部分，以為只是下達指令即可，它可是溝通協調、跨團隊合作、談判技巧的總和，再加上給方向、激勵下屬、建立企業文化、解決問題、仲裁部門及人事紛爭，這些屬於高難度、高複雜性的工作，需要有工作經驗及人生歷練、又熟稔公司事務的主管來完成。

為什麼大家都說做事容易做人難？因為做事可以有SOP（標準作業流程），可以系統化，只要願意努力，大概就能達標，但做人可沒有SOP，同樣的一套方法放在不同的人身上，也會呈現不同的效果，這就是做人的難度。所以初入職場的人大都是被指派一些執行方面的事，必須要先熟記這些變數小、可控制的工作流程，把分內的工作做好，才是身為職場人最基本的價值。光做事這一項能夠做好，也不容易，所謂熟能生巧，最後才能變成專業。所以先將心思放在可控制性較高的事情上，同時開始用心觀察資深同事的做事做人方式。

通常資淺的人必須先證明自己能把一件事做得比別人好，才會被看見，也才有機會學習管理。因為當你把事情做好時，老闆通常會認為你擁有可以傳承的能力，也就是希望你將有效率的做事方法傳承給更資淺的人，所以會讓你帶領幾位下屬，這時候就是管理人的開始。

當上初階或中階主管，通常要一半做事，一半做人。也就是一半的時間處理事務性或專案的事情，一方面也要指導團隊一起完成專案；包含開會討論、指點方向、傳達上級指令、激勵團隊、達成目標。

做為主管，應該把團隊管理和傳承當作最主要的任務之一，其實大家都知道，沒有團隊成不了事。自己的能力再強，還是跟不上集體的速度，這是個打團體戰的時代，不適合單打獨鬥。團隊的凝聚力和向心力背後就是能服眾的領導者，誰能激勵團隊邁向目標，誰就具有領導力。領導者不見得一定要是團隊中能力最強的，但必須是團隊最讓人信服、最有胸襟的人。高階主管的價值在於整合。整合必須跨部門協調，必須說服不同人的意見，找出共識，激勵團隊往前走，並承擔責任。

像阿亮的主管將複雜的問題丟給阿亮，又阻止阿亮做本該做的事，根本就是不應該的行為。阿亮可以將問題報告給主管，請主管去處理，或請隔壁部門主管去找他的主管溝通，或者按照公司流程做該做的事，再向主管報告。怎麼做沒有一定的解答，也是要看企業文化和主管個性。

做為一位領導者，應該要有所承擔，不應把人際關係的難題丟給下屬，也不要把下屬捲入職場鬥爭中。下屬遇到這種有私心的老闆會很辛苦，必要時要懂得自保，最好按公司規章行事，認為不合理或違背自己價值觀的事，最好直接拒絕上司，雖然會引起他的不悅，萬一遇到上司要求不合理，你勉強答應也會讓自己陷入困境，到時候更難脫身。況且上司自己也會知道分寸，否則事情曝光他也很難看。

好的主管開放而透明，願意分享，心胸寬闊、不畏困難，是下屬學習的榜樣。高階主管手上握有權力、資源，享有組織和團隊給與的尊榮，若只是將事情做好，絕對不是高階主管的高度。能夠打開胸襟、提拔後進、傳承好的價值觀和做事方法，才是資深主管最大的價值。我身邊有很多退休之後的高階主管都一致認為，能將經驗傳承給後進，是自己在職場上最有意義的一件事。

好的管理者要決斷在事，用心在人。

換位置就要換腦袋

用更寬廣的角度看事情，用更清楚的視野下判斷，包容不完美卻又能處理不完美，人生風景自然不一樣。

阿丹之所以升到經理這個位置，主要是他做事細心，深得客戶信賴。但是升了經理後，他還是事必躬親，下屬做的任何事他都不放心，還是時時刻刻想抓住客戶目光，讓下屬沒有表現機會，因此他的團隊一直士氣低落。阿丹的主管為此找他長談，希望他能夠放手，多花時間在帶領團隊、激勵士氣上。

常有人罵政治人物換了位置就換腦袋，嘲笑當事人見風轉舵。但其實在職場上換了位置是一定要換腦袋的，不能一成不變，否則就有愧公司將你升遷到更高的位置，你必須用更高的角度、更新的思維來面對挑戰。所以換腦袋當然重要。

就算不是升遷，只是調派到不同的部門或組織，也一樣要換位思考、換腦袋學習新事物，讓自己快速融入狀況，為組織貢獻。一個能時時接受新事物的人，就能與時俱進，接受創新思維，不被時代淘汰。

有人問我做主管最重要的是什麼特質？我一直認為是「胸襟」，尤其職級愈高，胸襟就愈重要。專業的事下屬大都可以處理，但胸襟這件事情是性格的彈性。能不能培養？可以。就是不斷打開自己去接受所有可能性，不能拘泥於一種觀點，不要一成不變、抗拒改革。胸襟大才能容人，要接納意見跟你不同卻很優秀的人，要宏觀思考，具備談判協調等高階複雜的溝通能力，才是高階主管的必備條件。

當你只是菜鳥時，說話可能沒幾個人會聽，所以必須努力學習，用實力來證明自己的本事，那個時候大部分人可能也只是思考如何把上級交代的任務盡快圓滿完成。但到了主管位置，思考的可不僅是個人工作範圍，而是要如何照顧團隊且達成組織目標。

如果每個人在自己的崗位上，都可以往上跳兩級思考的話，就可以訓練自己具有比同儕更寬廣的高度。譬如你的現職是基層助理，就假設自己是職位高兩層的專案經理，那麼他會如何想這個問題、會怎麼下決策，你就會漸漸接近那個位置的高度和決策力。

往上兩層思考是學習放寬眼界（上一層還不夠，因為間距太短），這樣我們就不會拘泥於自己眼前的職務。用更寬廣的角度看事情，用更清楚的視野下判斷，包容不完美卻又能處理不完美，人生風景自然不一樣。所以，換位置當然要換腦袋，要用比你位置高的高度來思考事情。

除了「變」之外，也要有「不變」的堅持，那就是換到哪個位置都不能換的美好價值觀，像誠信、正直、謙虛……等等，這是亙古不變的真理，你必須相信且珍惜，這可能是遇到困境和誘惑時的救命丹，是你這個人能不能受到尊敬的關鍵。

我之前培養的一位總經理，當他可以掌舵整個公司時，竟然為了私利把公司掏空，將客戶和員工全帶走，讓公司蒙受重大損失。在關鍵時刻，他背棄了誠信，選擇背叛，讓聲譽留下不良紀錄。這件事讓我學到，在挑選高階經理人時，無論他的專業能力有多強，最重要的特質還是正直和誠信，否則位階愈高，對公司的危害愈大。

換了位置也要換做事的思維，但好的價值觀仍要堅持。變與不變之間，要能夠懂得分辨。

團隊需要三種角色

我們不用強求自己面面俱到。能發揮自己的優勢，運用團隊資源補充自己的不足，才是聰明的職人。

在工作上，我們通常不脫這三種角色：思考者（thinker）、表達者（talker）和行動者（doer）。三者各有優缺點，能集兩者於一身的人已經難能可貴，能集三者的更少見，所以才需要團隊互補，倘若團隊中能聚集這三種人才，各司其職又能相互合作，想必一定成為常勝軍。三國時代，劉備手下的團隊：關公、張飛和諸葛亮就是這樣的組合。

通常表達者最容易被看見，也最容易成為企業明星。因為他們擅長用語言溝通，表達力強，具有說服力和感染力，絕不會被埋沒，很多業務人員都具有這項特點，衝鋒陷陣，是公司產品和品牌宣傳大使。但若只是表達力強，欠缺思考和執行力，最終會被認為是只出一張嘴，言過於實。要補強這個缺點，表達者必須擁有一支執行力強大的團隊在背後支持，才能讓他開出的支票兌現。我所看到的成功企業家都擁有強大團隊，讓他的理念和執行力同時並行；理念要得到實踐，才稱得上名副其實。

要辨識自己最擅長這三種角色中的哪一種，最重要的是察覺自己擔任哪種角色時最舒服、最不費力。有人執行任務時覺得很享受，精神高度凝聚，整個交感神經都興奮起來，而且欲罷不能，像電影《不可能的任務》的男主角伊森一樣，他是屬於行動者。有人特別喜歡分析、歸納，再抽絲剝繭，最後想出解決方案或擬出一份企畫案，像漫畫中的偵探柯南就屬於思考者。最後是溝通表達者，他們不怕生，喜歡與人相處，擅長溝通說服，甚至上臺演講，影響更多人，美國前總統歐巴馬就是這樣的人。只要多留意自己扮演這些角色時的舒適度，就不難發現自己的特長。

其實這三個角色並非固定不變，而且可以後天訓練，也可能隨著職場時期轉變。剛入職場時，大部分人都是執行者，成了中高階主管就得訓練成為思考者和表達者的能力。一個人身上也可能同時擁有這三種能力，但因為職務類型，無法同時將三種角色發揮得淋漓盡致，若能用團隊力量互補，那可就是再完美不過。很多獨立個人工作者或創業家在初期因為資源有限，必須訓練自己扛下這三種角色，等到發展成組織，也就漸漸卸下某些角色。

擔任主管的人，表達能力的確相對重要，因為他必須要能夠說服人、具感染力、有效傳達理念，才能激勵團隊。最棒的領導者還要有胸襟，能海納百川、知人善任，願意尋找具有這三種技能的人才，組合成一個堅實的團隊，帶領他們朝既定的目標前進，各司其職，堅不可破。

好主管能看出這三種人的特色，將其放在對的位置，讓他們互補合作。我們不用強求自己面面俱到，三項全能。相反的，能發揮自己的優勢，運用團隊資源補充自己的不足，才是聰明的職人。尤其留一點讓別人發揮的空間，會讓你更像團隊一員。

像我們公關公司的團隊到客戶端去pitch（提案）時，並不喜歡一個人從頭簡報到最後，通常會有二至三人上去接力報告，分成策略、執行、及預算三大部分，由不同人進行簡報，這主要是讓客戶知道，我們是一個團隊，沒有什麼明星成員，是以分工合作的力量完成一切。

其實並非一個人不能全部承擔，而是一方面讓團隊分工合作有加成效果，二方面對客戶簡報是最有機會被客戶看見，以及令員工有成就感的部分，所以盡量讓參與企畫案的團隊人員都能享受舞臺，也可以訓練他們的膽識。就算是拙於說話的人，也因為不是獨撐全場，知道有團隊備援，會感到安心許多。

當然，能集三者於一身的人的確是強者，無須求人，但在職場上會累死自己，還容易遭排擠。所以聰明的主管要懂得建構出一個平臺，讓具備這三種能力的人一起工作，而非讓自己成為無所不能的強者。同時，要欣賞每個人的特質，讓人人都有發揮的空間，相互學習、相互合作，這樣的團隊必是職場上的超完美組合。

顧問有建議權，客戶有決定權

聰明的顧問讓客戶做決定，讓客戶覺得決定權在自己手上，但其實顧問扮演著引導者的角色，引導客戶選擇最佳方案。

一位同樣在公關公司工作的年輕人很沮喪的問我：「從事客戶服務的工作，最終都是客戶說了算，如果我們都不能做決定，那做這個行業的意義在哪？顧問的尊嚴在哪？這樣我們給客戶的建議不就沒價值了嗎？如果客戶老是自作主張，不聽我們的建議，這還叫顧問嗎？」

這一連串疑問說明了他工作上的挫折，還有他正在找這份工作的意義。其實，顧問本來就不是做決定的人，決定權在客戶身上，顧問只有建議權。通常客戶不聽顧問建議有兩個原因：一、顧問的建議不夠周全，不是客戶想要的；二、雖然顧問的意見很好，但客戶另有考量，沒說出來。但若因為決定權不在自己手上，就放棄建議權或任由客戶自行冒風險，那就有失顧問的職責。

我建議他，別對客戶不採用我們的提案感到沮喪，而是要去挖掘客戶不採用的最底層原因，做為下次提案修正的依據，經過這樣的練習，最終就會愈來愈靠近客戶的需求。當你愈瞭解客戶，企畫案被接受的機率愈高，這時成就感就會出來了。也就是說，要能洞察原因，才能避開地雷，端出牛肉。

提高企畫案的成功率，最重要的就是問對問題。有時候連客戶自己也不清楚問題的癥結點，如果客戶在這種狀況下給了模糊的目標，那麼顧問寫出來的企畫案當然不會符合客戶需求。所以顧問有責任幫客戶釐清問題的本質，問對問題不僅有助客戶檢視目標，也能提高企畫案的命中率。

譬如，要是客戶說他們的品牌出了問題，銷量下降、市占率下滑，所以想辦個行銷活動來改善。這時候你不是馬上提出解藥，而是要釐清問題，你就要問客戶是認為品牌的哪個部分出問題？品牌形象？定位？包裝？還是產品力？是哪個市場的銷量下降？北部、中部、還是南部？減少的客群是女性、男性或小孩？就這樣抽絲剝繭，一層一層問下去，最終會理出一條線索，之後再與客戶取得共識，企畫案的主軸也就出現了。

接著，顧問最重要的工作就是提出解決方案或建議，並針對每個方案做得失與風險分析，讓客戶自行做最終決定。當然，厲害的顧問會引導客戶最後選擇顧問自己喜歡的方案，表面上讓客戶做決定，給客戶面子，讓他們覺得這個是自己拍板定案的，當然也會全力配合所需的資源。相反的，愚蠢的顧問就是當客戶意見跟自己不一致時，堅持己見，與客戶產生衝突。

客戶若選擇了與我們相左的方案，就必須提醒客戶我們的擔憂與可能得承擔的風險。倘若已經提出忠告，客戶還是執意選用原來的方案，那表示客戶願意承擔風險，我們也該盡全力配合，並設法將風險降到最低。除非客戶的選擇背離了我們的價值觀才會導致無法合作，畢竟行銷重要的核心精神還是誠信。

顧問的職責是讓客戶知道每個選項所具有的風險，客戶的最終選擇若非我們本來屬意的選項，我們仍得表示尊重，畢竟花錢的是客戶，最後要承擔結果的也是客戶，他們一定比公關顧問更在意結果。

有的客戶喜歡打安全牌，有的客戶想挑戰新構想，喜好各有不同，瞭解客戶想法與風格有助我們提案，但別忘了客戶是善變的，所以不要只出一種牌，客戶也希望公關顧問給與一些新的想法和刺激。

聰明的顧問會讓客戶做決定，讓客戶覺得決定權在自己手上，但其實顧問扮演引導者的角色，引導客戶選擇最佳方案。

準備好了之後

唯有不斷預演又預演，擬好可能的備援計畫，才會有「就等著它發生」的自信。

從事公關工作一久，我愈來愈有某種自信與自在的經驗，能預期專案計畫的結果，然後就等待它發生。我不是預言家，也不是自我感覺良好，而是當一切就緒、事前準備充分之後，我唯一能做的就是等待它發生，然後期盼一切按照劇本走。

當我們處於「一切皆在掌握之中」的狀態時，便會有一種從容不迫的氣質，還有一種篤定感，我喜歡這種感覺。這種篤定感是專業人士該有的養成，然而要達到這種境界，除了經驗，事前的準備、規劃、模擬非常重要。將可能發生的橋段演練幾遍，讓所有參與者都瞭解自己的角色，確實走位一次，緊急方案也要納入演練內容，才會有這種八九不離十的篤定感。

我年輕時，不懂演練的重要，很多事都馬馬虎虎，只用想像，覺得差不多了就上場，結果發現要處理的臨時狀況還真不少。因為並非每個環節都確認過，所以最後只能靠應變能力，不但當下精神始終處在緊繃狀態，而且出錯率很高。歸納結果，都是因為偷懶，便宜行事還真是失敗的根源之一。

我們在面對重大活動企畫時，雖然有SOP可以確認，然而SOP只是基本程序，並不保證成功。若加上時間、空間、預算的因素，相同的活動重複再來一次，還是會有不同的狀況發生。唯有不斷預演又預演，擬好可能的備援計畫，才會有「就等著它發生」的自信。

「做最好的準備，做最壞的打算」是執行任何專案時，最應該有的心理準備。最好的準備就是事前盡力確認每個細節，並預擬意外發生時的備案。做最壞打算則是先做好心理準備，瞭解最壞的狀況是什麼，縱使發生了，我也必須要能夠承擔、負責。能做這樣的思考，大概就可以勇往直前了。

就算最後人算不如天算，還是發生出乎預料的意外，那恐怕也只能靠團隊的臨時應變了。事實上，要是事前準備齊全，會出現需要啟動應變機制的機率就變少。大部分我都要求專案總指揮必須是資深人員，而且得在現場掌控，除了能穩定軍心，最重要的還是在危機發生時，較有經驗來做緊急應變。

事實證明，行前計畫要是愈仔細演練每個環節，就愈能接近計畫中的預期結果。久了之後，當我確認所有細節都演練無誤後，就會說：「讓我們等待事情發生吧！Action！」

主管不必是強人

真正的領導者不會因為表現情緒而失去權威，他們既不會隨便放棄自己的底線，也不會冷冰冰的依法行事。他們懂得做事堅定、做人柔軟。

我們在職場上往往被教育成最好不要有情緒、要懂得情緒管理，尤其是當了主管後，更不能顯露喜怒哀樂，好像隨意發洩情緒成了不專業的象徵。到最後，只能跟人分享快樂，哀傷時必須自己躲起來療傷，還要裝得若無其事，好似這就是當主管的必然。

大部分主管以為自己必須是強人，期許自己什麼樣的責任都能扛，任何挫折都能消化，什麼樣的問題都能解決，絕對不在人前顯露出脆弱，認為這樣才叫專業，才是好的領導。但只要是人就有情緒，負面情緒來時必須懂得發洩，如果自己沒有一套機制來處理負面情緒，最後可能會內傷。

現代管理學已不再要求領導人必須是強人，而是要當個真實的人。事實上，主管當然也有喜怒哀樂，若主管一味表現堅強勇敢、無所懼怕，下屬恐怕也覺得太不真實了。現代管理學也鼓勵主管表現情緒，只要別太超過（譬如翻桌子、砸杯子等不理性行為），都是可以被接受的。

甚至有調查顯示，主管願意吐露心聲、表現脆弱、呈現最真實的一面，有時反而更受下屬喜愛，因為這才表示真正的勇敢和自信，無畏自己的軟弱被看見，尤其是面對重大危機時，如果能與部屬分享主管的掙扎與抉擇，有時反而因為流露真性情，更能維繫員工的情感，反倒有機會得到部屬支持，齊心協力幫助組織渡過難關、翻轉情勢。

我就曾有一次這樣的經驗，讓自己認知到，當我放下強人的姿態，更能得到員工的激勵和支持。我在創業初期，曾有一次接到重要客戶無預警解約的消息，整個人在辦公室裡呆若木雞癱在座椅上，想著業績壓力、客戶的無情，懊悔自己的無能為力，同時間，外面的員工似乎也在等我和客戶通話後的消息。

當他們進來我的辦公室時，看到我愁眉苦臉，知道情況不妙，我當下跟他們說：「抱歉，我沒能留住這個客戶。」他們反過來安慰我：「老闆，沒關係的，我們可以一起再努力去找下個客戶。」團隊接著就開會列出他們想要拜訪的潛在客戶名單。不久後，他們已經爭取到更大的客戶，並積極做起服務。

這起事件讓我十分震撼和窩心，從此我認為主管一定要與員工有坦誠透明的溝通，才能得到員工真正的支持，故作強人姿態或利用隱藏資訊來製造神祕和權威，都是過時的觀念，也是不夠自信的表現。很多領導者在權威和給人溫暖之間擺盪，但真正的領導者不會因為表現情緒而失去權威，他們既不會隨便放棄自己的底線，也不會冷冰冰的依法行事。他們懂得做事堅定、做人柔軟，他們在做事上，還是有既定的原則，只是在人情世故上會多考慮一點、多給人溫暖，所以千萬不要誤解流露情緒的主管是懦弱的。

我認為勇敢的領導者形象，應該要真實面對自己、願意和部屬分享資訊，甚至與部屬一起面對難題。開誠布公讓員工知道公司現況，縱使公司遇到危機，主管若能誠實面對與分享，或許眾志成城，還能扭轉乾坤。一旦能夠凝聚員工的向心力，得到員工支持，危機可能就有轉機。

勇於呈現自己，或許是現代主管該學習的一門課題。

別以為顧問只出一張嘴

好的顧問一語道出問題中心。在回答問題之前，可是經過千錘百鍊的幾十年。

Carol是資深且優秀的女性CEO，她剛離職，想要先休息一陣子，所以並沒有很積極尋找下一個工作機會。在這段空檔期間，有很多同業向她請益及諮詢，一開始她都非常願意幫忙，後來她東忙西忙兩個月後，愈來愈覺得不對勁，開始發現這些要求她協助的人似乎不懂尊重，覺得一切都是理所當然，她感覺熱情被燃燒殆盡。

Carol剛退下職場時，有一位年輕同業打電話給她，表達想向她請益，希望她到南部參觀一下公司。雖然要花一整天的時間，Carol秉持助人之心欣然答應。誰知約了好幾次時間，那位同業的總經理不是臨時取消會議，就是最後時刻又更改時間。

Carol當然覺得很不舒服，以前在職場，都是這些後輩千方百計排時間要來見她，現在卻好像變成她沒事幹，可以隨時被更改時間。原本她是被同業仰之彌高的先進，為了後輩請託自掏腰包下南部不打緊，現在卻感覺變成隨時候傳的「閒人」，需要配合這些大忙人的時程。Carol質疑怎麼沒了工作職務，專業也變得不值錢。

人性就是如此，免費的不值錢，花錢的才心痛。當你退出職場、少了職位，別人就認為你一定閒閒沒事幹，時間多得是，所以不需要那麼緊張的配合你的時程。因此，退出職場或暫離職務的專業人士，想維護自己的尊嚴，要注意以下幾點：

1 **千萬不要讓別人覺得你很閒。**就算很閒，也不代表你的時間不值錢，你有你的節奏要走，不用勉強，有求於你的人就應該要配合你。

2

除非你願意或覺得值得，否則千萬別當免費的顧問。就算你的意見一口千金，對問題下刀俐落、直指核心，但因為不花錢所以對方不會有感。

我建議 Carol 告訴對方，她的時間很寶貴也很忙，如果同業真的需要請益，請他設法來臺北，如果沒時間那就作罷。果然這麼說之後，對方馬上安排時間到臺北來請教。這不是擺譜，而是教育對方。我要表達的是，沒有人有義務要幫你，如果你需要向他人請益，態度就應誠懇且尊重。專業是很昂貴的，但很多人都以為只是動動嘴又不用花什麼力氣，憑什麼付那麼高的價格。可是他們往往不知道，專業顧問之所以能一針見血，說出一些有道理的話或提供建議，是累積了幾十年的功力，難道這幾十年的功力不是一種價值？不需要被尊重？

很多臺灣企業不願意付費請專業顧問，而是尋求簡單、不花錢的方式來得到想要的解決方案，他們以為拿到了一帖解藥，就自己回去亂塗，但通常如果不是透過專業的機制去執行，這帖解藥也治不了要害。

我來說一個故事。國外一位客戶因一個投資案卡在相關部會，希望有個法案可以快速通過，好幫自己的企業解套，於是委託一位專業顧問幫忙打通政府關節，不論花多少錢都願意，只要讓他見到關鍵官員說上話。

這位顧問在客戶面前打了一通電話給關鍵人物，安排他們會面，放下電話後，顧問開了一張十萬美金的帳單給他，客戶驚訝的問：「為什麼一通電話要這麼貴？」顧問回答：「沒關係！如果你嫌貴的話，我先將這個約會取消，然後你自己打打看。」於是客戶乖乖付錢了。

關於專業，我這裡還有一個眾所皆知的故事。畢卡索成名後，有次到一家餐廳用餐，隨手拿起餐巾紙作畫，畫完便要丟棄，隔壁有名女子認出是畢卡索，就跟他說：「畢卡索先生，你剛剛塗鴉的那張餐巾紙可以給我嗎？我願意付錢。」畢卡索說：「好啊！兩萬美元。」那女子一聽就說：「你剛剛不就是畫了兩分鐘，居然要兩萬美金？」畢卡索看著這她說：「不！我不是畫兩分鐘，我畫了足足六十年。」

好的顧問一語道出問題中心，讓你瞭解問題出在哪裡，好的專家可以幫你達到目標。他們不是用苦勞和時間做事，在回答你的問題之前，他們可是經過千錘百鍊的幾十年。經驗就是他們的資產，想要合作就好好珍惜他們的智慧財產，就算付不起那個價錢，也要尊重人家的專業，以免壞了關係，搞得以後再也沒人想幫你。

挫折和失敗是人生的禮物

既然已經發生了，再難過也無濟於事，倒不如思考學到了什麼，讓失敗成為豐富人生的一段小旅程，以及自我成長的養分，這才不枉失敗一場。

人人都想成功，沒人想失敗。但聰明人會去問成功人士的失敗經驗，而非問成功經驗。失敗學比成功學更值得探討，成功無法複製，但失敗可以避免。複製別人成功的路徑一點意義都沒有，因為成功需要具備三要素：天時、地利、人和，缺一不可。但別人的失敗經驗，卻可以變成我們未來不犯同樣錯誤的借鏡。

微軟創辦人比爾．蓋茲（Bill Gates）曾說：「成功是個爛老師，它引誘聰明人，自以為永遠不會失敗。」沒錯，成功經驗會讓人自滿、驕傲，導致犯下不該犯的錯。但挫折、失敗卻像一份禮物，教導我們謙虛，改正缺失，成為更好的人，雖然當下很難受，很沮喪，但熬過後便轉為成長的力量。

就學習的角度而言，人可以分三個層次。第一等聰明人就是別人犯的錯，引以為戒，不會再犯。第二種人就是別人犯的錯，自己還要繳一次學費，痛了才會學到經驗。第三種人，也是最沒學習能力的人，就是自己曾經犯的錯，毫不自覺，一而再、再而三犯相同錯誤。

當然，我們最好可以訓練自己成為聰明的第一等人，這樣在人生道路上，就可以少走一些冤枉路，少付出一些慘痛的代價。但可惜多數人都屬於第二種人，總要痛過才記得跌倒過。

我年輕時曾在盛怒下說了不該說的話，導致非常依賴的工作夥伴提了辭呈，流失一個好人才。這個失敗經驗讓我學到，盛怒下絕不能做任何決定，也不能有任何舉動。

失敗是人生的必然，我沒看過不會犯錯的人。可是千萬不能因為害怕失敗，就少做少錯，或什麼也不做，至少要嘗試過。做不了第一等聰明人，至少要做第二種從失敗中學習的人。

我在創業過程中，曾遭親自栽培的總經理背叛，把一家子公司掏空，又將客戶和員工帶走，我在無法相信的震驚中，曾責怪自己識人不明、太相信人，在跌入挫折和沮喪中幾個月後，很幸運讀到陳長文律師的一篇文章，同樣曾受員工背叛的他，在接受採訪時說了一段話，讓我從谷底又站起來，重回原來快樂又願意相信人的狀態。我至今都還記得那段話，他說：「我們原來是什麼，就是什麼……我不會失去對人的信任，如果因為這個事件而我選擇不相信人，那才是對自己最大的懲罰。」就是這段話讓我擦乾眼淚向前走。

我很幸運，那場人生重大挫折來得早，這樣我至少還有足夠的時間重新站起來。所以年輕時失敗要慶幸，還有能力站起來。若到中年才失敗，要想翻轉就可能比較辛苦了，因為中年的包袱較年輕時多，害怕失去的也較多，自然承受不起一無所有。

我曾問過一位外籍主管，為什麼總可以找到對的人坐對的位置。他說因為他失敗過很多次，所以學到了。原來很多人的成功是經歷了多次失敗後的成果，如果是這樣，我們怎能不珍惜那些讓我們茁壯、成長的失敗養分。

很多人中年失業後便一蹶不振，再也回不到職場，鬱悶終生。相反的，我有一位朋友在五十二歲被裁員後，想想自己再就業的機率不高，因此選擇創業，現在已是餐飲連鎖店的老闆，挫折反而激發出他的潛力，開創人生另一番風景。所以成功和失敗之間，端看你的選擇，是要待在原地不動，還是再嘗試，改變看看。

成功並不保證必定會一直成功，看看現在世界變化這麼快，很多成功的企業不是被同行的競爭者超越，而是被新科技顛覆，看看計程車產業被 Uber 改變遊戲規則，旅館業被 Airbnb 洗牌，現在縱使是很成功的企業，也需要戰戰兢兢，不斷的創新、不斷的學習，才能保住市場地位。

同樣的，很多創投公司總喜歡投資有失敗經驗的連續創業者，反而不喜歡從未有失敗經驗的初次創業家，他們說：「失敗了幾次，就快接近成功了。」如果用這樣的思考去看待失敗，那失敗有什麼可怕，那只是前往成功的路程而已。只要我們不斷修正、不斷反省、永不放棄，總有一天會到達我們想去的地方。

成功者都得如此小心翼翼的成長，更何況是失敗者，更要能夠珍視失敗，快速站起來，學習轉念。既然已經發生了，再難過也無濟於事，倒不如思考學到了什麼，讓失敗成為豐富人生的一段小旅程，以及自我成長的養分，這才不枉失敗一場。

引導負面情緒離開四部曲

負面情緒來了，只要正視、警覺並處理，將其視為一種情緒排毒，就能讓我們的情緒回歸正常模式。

在與客戶的會議中，Bella坐在我旁邊，我瞥見她又在摳指甲，知道她一定又在極不安定的狀態，因為同事都知道她在極度壓力下，會一直出現這個動作，於是我在桌底握住她的手，暗示她深呼一口氣，不要緊張，我會支援她。她慢慢冷靜下來，輪到她做簡報時，終於有條不紊，回到該有的水準，還回答了客戶幾個尖銳的問題。後來 Bella 告訴我，她當時有點被客戶的陣仗嚇到，一時怕自己準備不周，所以才緊張起來。

職場上愈來愈重視 EQ，因此情緒管理也成了很重要的職場技能，誰都不喜歡負面情緒，但很多人誤解了負面情緒的功能，以為它全然是不好的，所以多數人在覺得沮喪、挫折、失敗時，總是壓抑、隱忍。其實負面情緒來了，只要正視、警覺並處理，將其視為一種情緒排毒，用對方法就能引導抒發，就能讓我們的情緒回歸正常模式。

任何人長期壓抑情緒都會對身心造成嚴重影響，所有負面情緒需要有意識的認知並引導，否則就可能釀成傷害。有的人生氣時會攻擊他人，有的人會說謊，倘若沒自覺，就老是會在生氣時失控，做出讓自己後悔的行為。所以辨識自己的情緒壓力是很重要的，知道自己什麼時候是臨界點、什麼時候會失控，就能夠想辦法控制。

我知道自己生氣時就會開始四肢緊繃、臉色凝重，若失控的話，就會說話傷人。家人最倒楣，他們承受過我年輕時的脾氣。後來我學會意識到自己情緒上升時，就趕快做腹式呼吸，或想辦法離開現場，不讓自己釀禍，這招果然有用。同樣的，我有一位朋友緊張時會心跳加速，他發現有這個狀況時，就會深吸一口氣或離開現場，等情緒安定後再重回現場，他認為很有用。

處理負面情緒不是壓抑，而是認知和引導，下列是我自己個人的處理經驗，供大家參考。

1 很重要的第一步是要對自己的情緒壓力有所認知，辨識是生氣、悲傷或焦慮等負面情緒。知道後，先接受自己的狀態。

2 情緒上來時先做吸氣、吐氣練習，讓自己可以平靜下來，不擴大情緒，若在事發現場，想辦法暫時離開。

3 離開後讓自己情緒平復，可能得找個安全方式發洩一下。譬如找個安全適當的人，將這些負面情緒像引流一樣引導出去，而非壓抑。

4 最後才是想辦法解決問題。這時候平心靜氣了，自然能用最平和的方式解決問題。

我曾在一個談判桌上被對方激怒，義憤填膺，覺得相當受辱。最後我用了上述的方法，藉口上洗手間，暫停會議，讓自己稍稍平復後，再重回談判桌，就比較能冷靜地繼續談判。我想，如果當初沒有引導負面情緒回到平靜狀態，那場談判可能因而破局，我也得不到好處。

情緒管理看似與專業技能無關，卻是職場歷練很重要的一環。讓我們在職場上運用情緒管理，做個高ＥＱ的人，不因情緒失控而做出後悔的事。

學會自己舔傷口

時間是癒合傷口最好的良藥，一段時間後，會發現自己不想了、不痛了。最好的療癒方式就是繼續前行，讓自己活得更好。

有人說倒楣時壞事都接二連三的來，好像真是如此。多年前，我到國外出差，在公事談判失利的惡劣心情下，在陌生城市遇上滂沱大雨，沒有傘又招不到計程車，卻偏偏恍神拐了腳，還弄丟皮夾，孤單與悲傷同時湧上心頭。求救無門的狀況下，全身濕透的我，終於搶先攔下計程車回飯店，一身狼狽，卻急著一邊冰敷腫痛的腳，一邊打電話回臺灣請祕書掛失信用卡，心想怎麼倒楣事都被我碰上。

大半夜時，我面對著陌生旅店潸然淚下，當下也不免懷疑堅持工作奮鬥的意義，心想若旁邊有個人該多好，那個孤單的夜裡，我獨自面對自己的脆弱。其實在人生低落時，常會有類似這樣的無助時刻，我們也咬著牙、忍著痛成長了。

人生很多時刻難免遭遇不如意的事，此時傷心、挫折、難過、悲傷等難受情緒湧上心頭，揮之不去，伴隨在成長過程中，考驗我們的處理能力。面對這些情緒關口時，都希望不開心的時刻快快過去，但有時仍舊如影隨形，除非轉念，否則沒那麼簡單就能擺脫。所以期待面對這些不好的事時，旁邊有個懂我們的人來扶持、安慰，讓我們好過些。

但偏偏有些時刻，旁邊並無適當之人可以發洩，我們得自己承受。也許我們並不想讓旁人看到自己落寞的樣子，因此不得不學著自我療癒，一個人面對傷痛，學習自己處理傷口的痛楚，舔著傷口，獨自感覺哀傷走過。

還記得第一次失戀的情況嗎？那時心如刀割、痛不欲生、食不下嚥，彷彿世界末日，可是時間過了，傷口慢慢結痂，後來還不都活得好好的，甚至比以前更好，於是自我調侃這就是「成長」。

舔傷口的過程也是成長的過程，隨著時間一天天過去，我們開始接受事實，不想留在原地踏步，想啟動新生活，於是試著忍住心裡的痛楚往前走。時間是癒合傷口最好的良藥，一段時間後，會發現自己不想了、不痛了。我們清楚知道自己的心智變強大了，變得沒那麼容易受傷害。原來最好的療癒方式就是繼續前行，讓自己活得更好，日後回想起來，可能還覺得自己當初怎麼如此幼稚。

在外求學或工作的人最能體會這種滋味，有時一個人寂寞上了心頭，又遇上一些不如意的事，無人可訴說，想起往事倍感難過，只好自己默默品嘗寂寞，萬般無奈還是得自己撫慰自己。

在職場奮戰時，我們經常沒時間照顧傷口，旁邊也沒人幫忙，只得帶著傷立刻上戰場，這時我們就要有承擔的能力，自我包紮、自我安慰、自我鼓勵，苦中作樂的幽默一定要有，才能看到希望，快快走出傷痛。

但萬一苦痛太深，自己承擔不了，也無法專注在工作上時，最好誠實地找主管好好溝通，請個長假，或請求留職停薪，必要時乾脆辭掉工作，好好面對及療傷。倘若你是有價值的員工，多數的主管和組織都會想辦法幫忙渡過，並期望你早日歸隊。

若是低落的情緒是可以承擔的，或許休息個一、兩天，讓自己快快平復，用轉念的方式，譬如寫日記、做運動等，轉而將注意力放在工作或其他方面，不然就讓時間來解決一切。我自己的療傷方式是找個安靜地方，寫下我的悲傷，誠實面對自己，通常寫完後，悲痛也少了一半。

當我們具備這樣的能力時，自己也漸漸成熟了，要是再遭遇挫折，就知道那是什麼感覺，再也不怕失敗、不怕未知。我們會誠實面對自己，知道終將走過谷底，會懂得靜靜沉澱，讓時間緩緩流逝，讓感覺走過，讓傷心走過，讓淚水走過，然後等待心底那一道曙光，引導我們繼續勇敢往前走。

人終究一個人來，也一個人走，大多數時候都是獨自面對，無所逃避。所以我們該學會接受那個脆弱的自己，也讚美那個曾經堅強的自己。

不在意別人走多快，只在意自己走多遠

我們不免因外在紛擾或別人的花招而影響自己的步調，讓專注變成一件困難的事，但就是因為困難，能做到的人，比較容易達到目標。

你有沒有這樣的經驗：我們本來做得好好的，卻受他人話語或表現影響自亂陣腳，不知所措。到底是我們太在意對方，還是太容易被影響，阻礙了自己前進的腳步？

一群朋友去參加馬拉松比賽，路程上有個年輕女孩特別在意另一個同齡女孩的速度，拚命想超越，全力衝刺，頻頻看著對方，結果卻亂了自己的節奏，才到中途，腳底就起了大水泡，不得不停止跑步。

反觀另一對志在參加、不在輸贏的姊妹花，也許是這種心態讓她們輕鬆跑著，不理別人的速度，全然享受跑步的樂趣。她們隨著自己的呼吸、節奏穩定跑著，原本兩人是準備能跑多遠就跑多遠，直到跑不動為止，誰知竟然抵達終點，兩人開心的抱在一起歡呼。在這個團體中，這對姊妹是最沒經驗的跑者，但卻因為心無雜念，保持既定節奏，反而跑完全程。

另外讓我有深刻體驗的，是我有次開車看到街上商家正在舉辦熱鬧的開幕活動，請了好幾位模特兒在門口剪綵。人總有好奇心，我降下車窗往外看，湊湊熱鬧，一分心便撞上前面的車輛，後面的也撞上來，出了連環車禍，好幾位車主都跟我一樣，因為一時好奇成了交通事故的主角。

這兩個故事告訴我們，當我們把精神放在外面的花花世界，能量就會渙散出去，可見，能專注聚焦在自己手上的事、不受外界影響是多麼重要。尤其是身處現在紛擾的世界，能不疾不徐，循著即定節奏，步伐穩定的往前走，是難能可貴的一種能力。

我們不免因外在紛擾或別人的花招而影響自己的步調，讓專注變成一件困難的事，但就是因為困難，能做到的人，比較容易達到目標。專注在想做的事情上，心無旁騖、樂在其中，會產生一股非常大的力量，載著我們往目標快速前進。

花花綠綠的世界不見得適合我們，如果你沒興趣就不必去湊熱鬧，你有既定的目標，有想走的路，如果道不同就不必勉強為謀。他人的呼喊、他人的快樂都是屬於其他人的，你若不想，未必要勉強參與，在旁邊欣賞就好，無須受其影響。專注在你想去的地方，可能會一時寂寞，但抵達目標時，你已經成功了，而其他人卻還在路上嬉鬧著。

不在意別人走多快，只在意自己走多遠。每個人都有自己既定的行程，不必難過現在走得比別人慢，只要你清楚目標，堅定往前走，一定可以到達要去的遠方。別管外面的花花世界，無謂的遊樂只會拖累你的行程，讓你堅定的心起化學變化。

調整呼吸，走在既定的路程上，享受正在做的事，找志同道合的人同行相伴，就算獨行也可以，目標才是我們該去的地方。

給人生休息的「逗點假」

如果每工作幾年，就給自己一個休養生息的逗點，好好回顧過去，展望未來，就能再次懷著能量，微笑上路，邁向下一個里程碑。

Fiona 去英國遊學了兩個月，剛回來的她整個人像脫胎換骨似的，與她之前在公司裡病懨懨的樣子判若兩人。原來她先前工作遇到了瓶頸，找不到熱情，在主管支持下，留職停薪到英國遊學兩個月，那段時間她盡情吸收學習，不僅語言有了明顯進步，整個人也變得更有信心，心態也整個翻轉。她看見歐洲人熱愛工作也熱愛生活的態度，深受影響，打定主意要更正面積極的面對人生。

我們都知道，文章有逗點，句子才寫得長。人生也一樣，不可能一次拚到底，中間都沒休息。現代人生活壓力大，我很鼓勵上班族每工作五到十年就安排一段長假，至少一到三個月，這樣才會身心健康、有能量的繼續往前走，人生才會多些不一樣的成長。

以人的學習力和效率而言，休息不僅是恢復體力、能量放鬆的關鍵，也是讓自己有思考空間的必要。「忙到沒時間思考」已經不是藉口，而是現代大多數人的常態，長期處在這樣的狀態下，會令人沮喪和生病。

現代企業的環境變化愈來愈快，人心則愈來愈浮動，日復一日的工作其實很容易掉入一成不變的舒適圈或泥沼。如果每工作幾年，就給自己一個休養生息的逗點，好好回顧過去，展望未來，就能再次懷著能量，微笑上路，邁向下一個里程碑，我相信這樣生命品質會更好。

我知道自己提出這樣的論調，可能不受企業歡迎，因為人才的運用是有接續性的，豈可中間斷線，公司業務如何能持續下去？但企業也必須思考，職務代理人是要運作的，不是規章而已，若因為某人不在而無法接續，代表這家企業有問題。

因此讓員工每五到十年有至少一到三個月、甚至一年不等的留職停薪「逗點假」，是值得的，如果員工是人才的話，更是不能讓他的熱情燃燒殆盡。員工休息過後回來工作，應該會感激公司的體貼，產值會更高。

我從事第一個工作十年後，遇到了一點瓶頸，開始思考下一步。我當時就想，已經工作十年了，是該給自己一個休息的逗點，於是決定離開舒適圈。我辭掉工作，不給自己設限，不急著找下一份工作，先給自己三個月時間留白，看看下一步的機會在哪裡。也就因為不急著找下一份工作，所以最後才有創業的想法和機會。後來我每隔五到十年會騰出大約一到三個月，給自己一個反思、沉澱、去做任何想做的事的假期。

我們工作時間久了、累了、遇到瓶頸時，產值就會下降，此時就是該「逗點」的時候了。逗點時光將會是我們人生的重要轉折，內省、發現和機會都可能會在那個期間萌生。別害怕給自己設幾個人生逗點，路反而能走得長遠。

我有位朋友利用轉職空檔給自己休了半年假，實現獨自到歐洲自助旅行的願望，踏出自己渴望的第一步，在國外遇見了愛情，成就了婚姻。人生的奇遇都來自敞開心房，輕鬆起來以後，美好的事物就發生了。

另一位朋友在人生逗點的幾個月裡，陪伴母親渡過最後時光，直到母親離世。她說那是人生最重要、最有價值的幾個月，終於和母親及過去的自己和解，她人生無憾了。

當然很多人說結婚、生子後，責任壓力大了，根本沒權利擁有這樣的假期，那根本就是奢侈的想望。你若相信自己有能力，就不用怕失去工作，你有談判籌碼，通常公司都會接受。但在這一到三個月的假期中，你也必須幫公司思考能將工作交接給誰，並與主管討論。最好你可以先為公司找出替代方案，這樣公司接受的可能性比較高。

逗點時光會讓你重新思考人生，思考過後，就算繼續從事同樣的工作，意義也會不一樣。怕的是，拖著熱情殆盡的軀體，做著沒有成長的工作，這才是悲哀。

沒有目的的學習

要享受學習，就必須做自己有動力、有興趣的項目，愈是忙碌，愈是壓力大，愈是需要暫時抽離去做自己有興趣的事。

如果不是要考試，其實學習本身是非常快樂的事，尤其是自己喜歡的學科。很多上班族會想念上課求學的日子，這種體會大概只有出了校門、在職場打拚得天昏地暗的人，才能體會吧！

雖然進了職場也不是沒上課機會，只是每次學習都是功能性、目的性，譬如增進技能，學電腦、學語言、學產業知識等等，待資深一點，就開始學習管理、領導、溝通等更進階的技巧。人生無處不學習，雖然是件好事，但因為有了目的性，就多了一份責任或壓力，希望達到某種目標或標準，好像享受的心又不見了。

真的要享受學習，就必須做自己有動力、有興趣的項目；愈是忙碌，愈是壓力大，愈是需要暫時抽離去做自己有興趣的事，不能把全副心思放在工作上。壓力大時也不要只是睡覺休息，反而要試著去學自己有興趣的才藝。沒有目的、沒有一定要獲得什麼，反而更能釋放壓力、轉移焦慮，因為在那個當下你一定很專注、很享受。

人有時不能太功利主義，如果事事都要想到會有好結果才去做，往往事與願違。倒不如放下目的，選一個自己有興趣的課程，一場單純為興趣而設計的學習，會讓你有想像不到的收穫。我釋放壓力的方法就是去進行一場自己喜愛的學習，享受當下，增加快樂因子來對抗煩惱因子。

我在工作最忙碌、壓力最大時開始學油畫，在課程中我專注投入畫布上，享受想像力和創造力的奔馳，那是我最放鬆、最沒壓力的時刻，腦內分泌的多巴胺可讓我快樂，在那幾小時內，我忘卻了工作上的壓力和煩惱。後來發現，想紓壓並非是在週末休假時睡到自然醒，或無意識的追劇，而是去做自己喜歡的事，因為那是令你真心愉悅之事，做起來會開心、專心，不管花了多少時間還是甘之如飴，內心有種說不出的滿足感，十分紓壓。

《賈伯斯傳》中，描寫他曾學過書法，當時他也沒想到未來可以怎樣。然而在他設計麥金塔電腦時，腦海就浮現當初學書法時的優美文字字型，這個美感經驗就放進麥金塔電腦的排版功能。賈伯斯說：「我從未期待這些東西能在人生中發揮任何實際作用，然而十年後，當我們在設計第一臺麥金塔電腦時，這一切突然重新浮現在我腦海中。」

我又回想到，年輕時喜愛寫新詩，當時也沒想過要做什麼，只是純粹抒發情感。後來才慢慢發現，這個習慣對我日後寫歌、寫文章、寫廣告文案、企畫案幫助很大，讓我如魚得水。當初若少了這個練習，或許現在不會那麼享受寫作。

現在我還是持續一年學一樣新事物，沒有目的性，只是好奇心使然，然而這幾年的探險豐富了我的人生，開拓我的視野，讓我更喜愛自己。

沒有目的性的學習讓我覺得放鬆、沒有壓力。人生不需要任何事都預想回報，快樂本身就是值得學習的習慣。那個當下我在做自己喜歡的事，暫時忘掉工作的煩惱。

我為了能有時間去做自己喜歡的事，反而更專注將工作上必做的事更有效率的完成。等我從快樂學習中得到滿足後，便更有能量再去面對工作上的困難。

音樂和文學安定躁動的心

我需要這種力量，在我煩躁、找不到自己時，有個灣岸可以停靠，它帶給我的觸動是很安定、很溫柔的，是心靈底層的，撫慰了躁動的心。

有人問我，我年輕時是民歌手，為什麼沒當歌手？說實在話，當時深受舊思維思想影響，認為當歌手「不務正業」。那時候的大學生都是出國，走入政府機關、學界、或到商界發展，因此我從未考量將唱歌當成職業。

出了社會，認為努力賺錢才是正道，與工作無關的事物總是放到最後。雖然學生時代也是文青，但心中總有一種小小的自卑，覺得學文科的比不上工科或商科，因此在職場上刻意不接觸文學、音樂、藝術，將自己完全沉浸在商業世界中，奮力學習不足的商業技能。我當然不知道那幾年對我的傷害是一直在流失人文素養，讓我的個性變得無趣又貧瘠，最糟的是我不喜歡那樣的自己。

在一次演講後與來賓的交流中，有位中年男子跟我說：「你曾經救過我。」我非常驚訝，於是他緩緩道出年輕時的往事。原來他大學畢業後，兵役抽籤抽到「金馬獎」，得到金門服役兩年，那個年代交通不方便，一年半載才回臺灣一次，很多男性怕抽到金馬獎的隱性原因之一是怕愛人「兵變」。

偏偏這位仁兄就是發生了這樣的事，更慘的是他的女朋友不但劈腿，還跟他託付的人、他最好的兄弟成了戀人。這個打擊對他而言是不可承受之痛，尤其在那個封閉的年代，在那個荒涼的戰地，這些苦沒有人可以訴說，所有怨懟無法發洩，於是他在心中醞釀了一個復仇計畫。

他決定攜械逃亡，從外島逃回本島，計劃第一顆子彈先送給好友，第二顆送他女友，最後一顆留給自己。

就在所有計畫都已胸有成竹、箭在弦上之際，他卻在某天睡前的營區廣播中，聽到電臺播放我寫的歌〈給你呆呆〉。他聽著、聽著躲在棉被裡淚流滿面，不知歌詞的哪些字眼觸動了他，哭了一夜後，決定放下屠刀，放棄報復計畫。

我聽完這個故事，全身起雞皮疙瘩，感到非常震撼，顛覆了我對音樂的看法。我太輕忽文學、音樂、藝術的力量，卻真真實實感受到這些軟力量才是真正有影響力，可以淨化人心，甚至幫人立地成佛。我以前認為這些音樂藝術只是娛樂而已，經營企業才能助人，於是棄文從商，以為商業助人才是王道，但沒想到不經意的一首歌卻可以救人。

我被迂腐的舊思維害了很久，刻意疏遠了原來喜愛的文學、音樂、藝術。在我被當頭棒喝後，重新拾回喜愛的文學藝術領域，我開始閱讀以前認為「不營養」的小說、散文，開始學習油畫、書法及世俗眼光覺得「沒用」的東西，在繁忙的商業世界裡，重拾一顆單純喜悅的心。

奇妙的是，我發現這些「沒用」的娛樂，竟對煩躁的工作起了平衡作用，工作不再那麼沉重。生活不是只有工作，反而更能有效率地完成工作，以便換取更多時間去尋找樂趣，這種平衡讓我變得豐富快樂起來。

我需要這種力量，在我煩躁、找不到自己時，有個灣岸可以停靠，它帶給我的觸動是很安定、很溫柔的，是心靈底層的，撫慰了躁動的心。

盡人事，聽天命

盡人事就是去做可以控制的事，將事情做到極致，拚盡洪荒之力。聽天命的意思是該努力的都努力了，該做的都做了，結果如何就不必患得患失。

A團隊從客戶公司回來後，就像消了氣的皮球，總監癱在座椅上動也不動，其他組員一言不發，我想一定有什麼壞消息。果然，他們說剛剛的那場比稿，客戶問了許多尖銳問題，團隊自認回答得不夠好，拿到合約的機率不高，非常沮喪。我知道團隊為了這場簡報準備了好幾個星期，甚至加班趕企畫案。我只問現在還有機會補救嗎？如果有就趕快做，沒有的話就「盡人事，聽天命」。

以前聽到「盡人事，聽天命」，總認為是很消極的觀念，怎能努力做事到最後卻聽天由命，命運不是掌握在自己手中嗎？但年紀愈長，反而覺得這是非常積極的作為。

盡人事就是去做我們可以控制的事，將事情做到極致，拚盡洪荒之力。聽天命的意思是該努力的都努力了，該做的都做了，結果如何就不必患得患失。

前者是可以控制的，所以我們卯足全力，拚搏出最佳結果。後者不是我們可以控制的，所以一切交由老天爺處理。經歷愈多愈明白，結果能不能如我所願，有時牽涉到天時、地利、人和，非我可以控制的範圍，所以才說交給老天爺。

像考試、找工作、面試若能用這六個字的態度面對，反而可以輕鬆自在。事前做最好的準備，事後就不必牽腸掛肚。若能有這樣的心態迎接挑戰，反而符合積極的精神。反之，考試或找工作前不好好準備，只想靠運氣或投機走小徑，這就是緣木求魚、搞錯方向，自己可以控制的事情不去行動，結果可想而知。

一位年輕人跟我分享他在遭逢家庭劇變後，決定改變命運，從房仲業基層業務員做起。他比其他人努力，空檔還兼職當快遞、搬家工人，三年後終於幫家裡還清債務，並升為店長，他喜極而泣，終於扭轉命運。這就是他做到了「盡人事」，而天命也順勢成全他應得的，翻轉人生。

另外一位年輕人剛好相反，他做生意失敗，欠了一屁股債，想快速翻身，於是借錢操作股票，可惜不如人願，最後負債更多，他覺得自己盡了人事，但天命並不幫他。可是他忘了，股票賺錢不是我們可以控制的，所以並非盡人事，而是盡投機之事。他將未來交給不可控制的賭盤，當然風險很高。所以我們需要一點智慧來分辨可控制和不可控制的事。

有時候事情進行到一半，我們並不清楚是否該堅持，不確定未來是否會邁上康莊大道時，我們能做的就是繼續相信自己，繼續盡人事，相信最後老天爺會給出一個合理的答案。就算最後結果不如人意，但至少努力過，不會後悔當初為何沒盡力。

李宗盛的歌寫著「想得卻不可得，你奈人生何」，對不能控制的事也要學著淡然處之，像我以前常參與客戶的比稿，有時團隊幾夜沒睡趕出企畫案，拚盡全力後，最終還是未能拿到案子。雖然有些失望，但只要覺得自己盡了力，那美好的一仗已經打過，也就沒有遺憾。有時客戶會對我們的努力留下深刻印象，進而開啟了未來合作的契機。

人生遇到挑戰時，只要做到真正的「盡人事，聽天命」，有時反而會有柳暗花明又一村的驚喜效果。因為盡了人事，命運隨之翻轉，或是對天命沒有期待，可以接受任何結果，反而一切圓滿。

花若盛開，蝴蝶自來

樂在學習的人，永遠都保有驚喜與精采，吸引身旁的人與之為伍。

較認識我的人大概都知道「學習和成長」一直是我的生命核心，我覺得人生應該不斷追求自我成長，挖掘自己的潛力，嘗試各種可能性，才能活出精采人生，讓自己的今天勝過昨天。因此我特別喜歡跟充滿熱情、不斷成長的人一起工作。

在職場上，我欣賞有這類特質的人，跟這樣的夥伴一起工作特別有勁，在與他們開會互動時，關心的都是如何讓企畫案更完整、讓客戶的品牌更好、讓團隊更有工作效率、要如何改進得更棒、還有沒有更好的點子。或許其間會出現面紅耳赤的辯論，但大家都知道是為了更好的結果，因此討論內容充滿正能量，以解決問題和鍛鍊自己更進步為前提。如此一來，我自己都覺得收穫很多，跟這樣的人工作怎會不興奮呢！

跟喜歡學習和成長的人在一起絕對不會無聊，不只是職場上，生活上也一樣。他們充滿好奇心，不會讓自己變成無趣之人，行動中充滿驚喜、學習、快樂，跟這樣的朋友每次碰面都有太多話題可以討論、分享，不論知識或見識都能更上一層樓，他們是我職場和生活的好夥伴。

我身邊不乏這樣精采的人，他們樂在工作、生活得精采。有的結婚有小孩，把工作、家庭經營得平衡出色。有的單身，追求工作成就的同時，也活出自己想要的樣子。

我時常覺得，能在工作上持續學習和成長的人，也一定在生活上不讓自己失望。不論年紀，也不論位階，這樣的人遇事不脫卸責任，對沒嘗試過的事總是有興趣試試，不給自己設限，可以預見未來的他們會比現在更棒。每次與他們交流，我都覺得好像欣賞了一部精采絕倫的話劇或是電影一樣，暢快無比。

有時候，我會與這樣的女性朋友一起去聽演講、上課、欣賞好電影、參加演唱會、甚或旅遊，這樣的朋友十分獨立，具自主生活的能力，能一起分享快樂憂傷，無論相聚或獨處，朋友間沒有負擔。她們總是精力充沛，令人驚喜連連，這樣的朋友真是一件禮物。

我在職場上最害怕停止學習與成長的人，他們固守現況、害怕改變，也不想學習新事物，只想守在舒適圈，擁抱既有資源，堅信自己才是對的，他們害怕壓力，只想停在原地。與這樣的人一起工作其實很無力，有時拉也拉不動，還妨礙團隊前進。

在朋友圈也是，有些人一成不變，拒絕接受新事物，智慧並未隨著年齡增長，反而愈來愈固執。或許不是每個人都想學習成長，因為成長總有壓力，而逃避學習成長的人經常停滯不前、枯燥無味，每次跟他們相聚，可以談的話題總是差不多，聊天也只能停留在固定議題或小範圍上打轉，讓人不耐，很想找藉口離去。

相對的，樂在學習的人，永遠都保有驚喜與精采，吸引身旁的人與之為伍。人在職場就像廚師進了廚房，哪有身上不沾惹油煙和廚房味的呢？任何工作都有令人「喜歡」

和「討厭」的部分。正向積極的人永遠知道要看見、珍惜「喜歡」的部分，且願意接受、面對、處理「討厭」的部分。讓自己放大喜歡的部分，縮小討厭的。而找藉口的人，在職場上總看不到「喜歡」的部分，老是凸顯「討厭」的，認為千錯萬錯都是別人的錯，充滿抱怨，連「喜歡」的事都變得微乎其微，自然人生都被討厭的事所充滿。

能讓人堅持並且無怨無悔的工作，最主要的誘因永遠不是金錢。最能夠吸引人主動加班、使命必達、樂在其中的工作，都是心中擁有相信的遠方願景，是這個理念和使命驅動人們不計得失、樂在工作。所以我們必須把那個「遠方願景」找出來，知道自己想去哪裡，知道為何而做，才能夠支撐你做的事。

好的企業都會給員工一個相信的願景，驅動員工達成目標和企業使命，不會只為了賺錢而壓榨員工。選擇去你認同的企業工作，好的企業文化會讓你工作時更有熱情，待得更長久。

人說「花若盛開，蝴蝶自來；人若精采，天自安排」，一點也沒錯。如果可以選擇，讓自己生命的花朵時時盛開，美麗的事物自然會發生。

國家圖書館出版品預行編目（CIP）資料

你不必走得快，但一定要走得遠 / 丁菱娟作 .
-- 第一版 . -- 臺北市 : 遠見天下文化 , 2019.02
面 ;　公分 . -- (工作生活)

ISBN 978-986-479-612-0(平裝)

1. 職場成功法

494.35　　107022764

工作生活 BWL 069

你不必走得快，但一定要走得遠

作者 — 丁菱娟

總編輯 — 吳佩穎
人文館總監 — 楊郁慧
責任編輯 — 許景理（特約）、楊郁慧
美術設計 — 陳文德（特約）
封面攝影 — 陳之俊
內頁排版 — bear 工作室

出版者 — 遠見天下文化出版股份有限公司
創辦人 — 高希均、王力行
遠見・天下文化 事業群董事長 — 高希均
事業群發行人／CEO — 王力行
天下文化社長 — 林天來
天下文化總經理 — 林芳燕
國際事務開發部兼版權中心總監 — 潘欣
法律顧問 — 理律法律事務所陳長文律師
著作權顧問 — 魏啟翔律師
社址 — 臺北市 104 松江路 93 巷 1 號
讀者服務專線 — 02-2662-0012｜傳真 — 02-2662-0007；02-2662-0009
電子信箱 — cwpc@cwgv.com.tw
直接郵撥帳號 — 1326703-6　遠見天下文化出版股份有限公司

製版廠 — 中原造像股份有限公司
印刷廠 — 中原造像股份有限公司
裝訂廠 — 中原造像股份有限公司
登記證 — 局版台業字第 2517 號
總經銷 — 大和書報圖書股份有限公司｜電話／(02) 8990-2588
出版日期 — 2022 年 6 月 23 日第一版第十次印行

定價 — NT 350 元
ISBN: 978-986-479-612-0(平裝)
書號 — BWL 069
天下文化官網 — bookzone.cwgv.com.tw

天下文化

BELIEVE IN READING